はじめよう！システム設計

要件定義のその後に

Getting Started System Design

羽生章洋
HABU Akihiro

技術評論社

●本書をお読みになる前に

本書に記載された内容は、情報の提供だけを目的としています。したがって、本書を用いた運用は、必ずお客様自身の責任と判断によって行ってください。これらの情報の運用の結果について、技術評論社および著者はいかなる責任も負いません。

本書記載の情報は、2018年1月現在のものを掲載していますので、ご利用時には、変更されている場合もあります。

本書のソフトウェアに関する記述は、特に断りのないかぎり、2018年1月現在での最新バージョンをもとにしています。ソフトウェアはバージョンアップされる場合があり、本書での説明とは機能内容や画面図などが異なってしまうこともあり得ます。本書ご購入の前に、必ずバージョン番号をご確認ください。

以上の注意事項をご承諾いただいた上で、本書をご利用願います。これらの注意事項をお読みいただかずに、お問い合わせいただいても、技術評論社および著者は対処しかねます。あらかじめ、ご承知おきください。

●本文中に ™、Ⓡ、Ⓒは明記していません。

はじめに

　本書は、『はじめよう！ 要件定義 〜ビギナーからベテランまで』『はじめよう！ プロセス設計 〜要件定義のその前に』に続く、いわば要件定義3部作の完結編に当たります。おかげさまで先の2作は大変ご好評を頂戴しており、読めば実践できるということであちこちの現場でガイドラインとして利用しているというお話を聞かせていただいています。著者冥利に尽きる思いです。特に少し規模が大きくなったプロジェクト内での意思疎通の状況改善に有効とのことで、お役に立っているようです。

　一方で、そのような規模になってくると、当然ながら分業ということが必要になってきます。そうした分業が必然の状況において、先の2作の内容をどのように後工程に展開していけばよいかというお問い合わせを思いがけず多数いただきました。当初は「プロジェクトごと、方式あるいはアーキテクチャごとに千差万別なので」という回答をしていたのですが、よくよく話をうかがってみると、そのプロジェクトの中核メンバーの経験によっていわゆる3点セット（UI・機能・DB）のいずれかに知識やスキルが偏りがちで、得意な領域はよいのだがそれ以外の領域はややもすると基本的なことであっても不安があるというような状況であることが浮かび上がってきました。

　また昨今のシステム開発においては、Webデザイナーだった人がプログラミングやDB設計まで行ったり、あるいはその逆でノンデザイナーだった人がUIやUXについて担当すること

になっていたりなど、どうしても十分なスキルアサインができずに、とにかく目の前の必要に迫られて何とかその場をしのいできたというケースも散見され、その結果として経験はあるにはあるがそもそもの基礎的なことをお互いによく知らないという状況も増加傾向にあることが判明してきました。特に昨今のAIやIoTの盛り上がりはノンIT人材のITプロジェクトへの参画を急激に後押ししており、プロジェクトメンバー内のシステム全体に対する知識の不足と断片化はますます深刻化してきています。

そのような状況下において、プロジェクト横断的に全員が同じレベルで知識共有してきちんと系（＝システム）に対する土台にできるような、かつ軽い感じでさほど時間をかけずに読み下せるようなものがあると嬉しい、という各現場からの要望に応えて作られたのが本書の底本となった研修テキストです。そしてそのテキストに対して、いくつかの研修と現場での実践によるフィードバックを経てまとめたのが本書になります。

本書は得意な領域をさらに深掘りするというよりも、自分の不得手な領域に着手するための手掛かりとしやすいように、ということを意識して作られています。ですから、企画を作ったけれど実際に開発するわけではないノンエンジニアの方は、自分の企画をどのように展開すればエンジニアと意思疎通ができるのかということの足掛かりになるでしょうし、Webデザイナーの方がプログラミングやDB設計について着手する最初の一歩にもできるでしょう。逆に、ノンデザイナーな業務システムを得意としてきたエンジニアがUIデザインなどにおいてデ

ザイナーと意思疎通をするときの取っ掛かりにもなります。プロジェクトマネージャはプロジェクトの工程設計をするときの目安にもなりますし、オフショア開発などを担当する場合の仕様の落とし込みのガイドラインにも使えます。

　システムを構成する各要素のスペシャリストももちろん重要です。しかし、現在、システム全体を俯瞰的・網羅的に、かつ抽象と具象のレベルを上下に把握して、本当に必要とされているシステムを描き把握することができる、本来の意味でのシステムエンジニア（全体の系を構想できるスペシャリスト）こそが求められています。そのために習得すべき基礎を本書にまとめました。

　基礎は初歩に非ず。自分自身のスペシャリティを発揮するための「場」をデザインするための力を習得するきっかけとして、ぜひ最後までお読みいただければ嬉しく思います。

2017 年 12 月

羽生 章洋

Contents

第1部 システム設計って何だろう? ········ 1

CHAPTER 01　システムとは何か ············· 2
システムとは
システム設計＝仕事
システム設計＝プロセス

CHAPTER 02　プロセスとは何か ············· 4
仕事の構造
仕事の本質は変換
仕事の連鎖
システム設計というプロセス

CHAPTER 03　システム設計とは何か ············· 9
システム設計は必要なのか
システム設計とアーキテクチャ

第2部 システム設計のその前に ········ 15

CHAPTER 04　要件定義とは何か ············· 16
システム設計を行う前に
要件とは
要件定義という仕事

CHAPTER 05　要件定義のサンプルケース ············· 19
評判の「目玉焼きハウス」の困り事
IT化推進のために要望を整理
要件定義の成果物
情報が足りない!

第3部 システム設計の詳細 ……………… 31

CHAPTER 06 改めてシステム設計とは何か …………… 32
システム設計という仕事
まずはフロント層から

［フロント層］

CHAPTER 07 UI設計を行う ………………………………… 38
フロント層を設計する
UI設計を行う
UIのレイアウトデザインを行う
UIデザインの4つの基本原則

CHAPTER 08 UI設計の手順 ………………………………… 52
UI設計の進め方
項目をUI上に配置する
UIの分割を検討する
操作手順を確認する
ビジュアルデザインを行う
エラー画面を考える

CHAPTER 09 要件定義としてのUI設計 ………………… 67
UI設計は要件定義の一部
混ぜるな危険

CHAPTER 10 機能を設計する ……………………………… 74
フロント層が実行すべき機能
機能とは何か
モジュールのインターフェース

CHAPTER 11 モジュールのインターフェースを定義する …… 82
モジュール分割を進める方法
機能名を決める

入出力を定義する
データ型を定義する

CHAPTER 12　モジュールの実装を定義する　　101

モジュールの実装を考える
実装定義の手順
末端の機能かどうか

CHAPTER 13　実装定義をやってみよう　　114

「注文を登録する」モジュールの実装
順接、分岐、反復に関する縛り
モジュールの第1階層
バック層の機能設計へ

［バック層］

CHAPTER 14　バック層を設計する　　126

バック層とは何か
フロントに呼び出されるモジュールを定義する
バック層の存在意義

［DB層］

CHAPTER 15　モジュールのインターフェースを定義する　　139

DB層設計の手順
バック層が期待している機能を集める
機能ごとにモジュールのインターフェースを定義する

CHAPTER 16　テーブル設計を行う　　145

テーブル設計の手順
テーブルを決める
正規化を行う

CHAPTER 17　実装を定義する　　161

モジュール内の実装を考える
全モジュールのテーブル設計を統合・整理する

| CHAPTER 18 | **システム設計の成果** | 178 |

システム設計の流れとその成果

第4部 実務とシステム設計 …… 181

| CHAPTER 19 | **マルチサイクルによるスコープ管理** | 182 |

大規模プロジェクトの課題
マルチサイクルによるスコープ管理とは

| CHAPTER 20 | **正しい「率」による進捗管理** | 191 |

「率」とは
分母と分子を把握した定量的な進捗管理

| CHAPTER 21 | **共通化の罠** | 194 |

「共通化の推進」という悪しきパターン
共通化の罠から抜けるには

まとめ システム設計のその先に …… 199

プロセス設計から要件定義、システム設計へ
システム設計からシステム開発、そして未来へ

あとがき …… 204

第1部

システム設計って何だろう？

CHAPTER 01 システムとは何か
CHAPTER 02 プロセスとは何か
CHAPTER 03 システム設計とは何か

CHAPTER 01

システムとは何か

システムとは

システム（System）とは「系」のことです。たとえば私たちが暮らすこの地球という惑星が属するのは太陽系（Solar System）というシステムです。辞書によれば以下の意味を持つ言葉です。

---
①個々の要素が有機的に組み合わされた、まとまりをもつ全体。体系。系。
②全体を統一する仕組み。また、その方式や制度。
③コンピューターで、組み合わされて機能しているハードウエアやソフトウエアの全体。
出典：三省堂『大辞林』

システム設計＝仕事

本書では、いわゆるITのシステムを指しますが、システム設計とはこのITのシステムを作るうえで大切な仕事です。仕事ですから成果をアウトプットしなければいけません。システム設計の成果とは何か。それは、ソフトウェアの開発を担当する人（プログラマ）が開発を円滑に行うために必要な情報を揃えることです。言い換えると、プログラマが「なるほど、これ

を実現すればよいのね」と納得できる情報を提供することがシステム設計であると言えます。

システム設計＝プロセス

　システム設計は仕事であると言いました。それは1つの単純な仕事ではなく、複数の仕事が連なったものです。つまりシステム設計はプロセスです。ではプロセスとはどういうものなのでしょうか。システム設計そのものの話をする前に、いささか迂遠ではありますがプロセスというものについて再確認しておきます。

CHAPTER 02

プロセスとは何か

仕事の構造

　プロセスとは仕組みであり、仕組みとは仕事の組み合わせです。では仕事とは何でしょうか。ここでは

**　何らかの成果と、**
**　その成果を出すために行う活動**
**　のまとまり**

と考えます。たとえば次のようなものです。

　「ほしい商品を注文する」
　「受注した商品を出荷手配する」
　「受けた電話の伝言をメモする」
　「目玉焼きを作る」

図：仕事とは何か

仕事の本質は変換

　仕事は成果を出します。ではその成果は何もなくても勝手に生じるのでしょうか。たとえば目玉焼きという成果を出すのに、何もない部屋でじっとしていれば勝手に目玉焼きが現れるかというと、そんなことはありません。もととなる「材料」が必要です。目玉焼きであれば卵です。

　では材料さえあれば勝手に成果になってくれるでしょうか。机の上に卵を置いておきさえすれば目玉焼きになるでしょうか。いいえ、フライパンや油やガス台などの「道具」が必要です。そしてちゃんとした「手順」でそれらの道具を使って具体的なアクションを行う必要があります。その結果、材料は成果に変換されます。

図：成果を出すための3要素

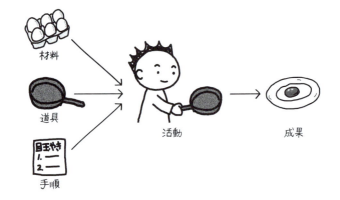

仕事の連鎖

　では、それらをどうやって揃えればよいのでしょうか。それはつまり「この仕事を行うために必要なものを揃える」という仕事が別途、必要になるということです。仕事は1つで完結するわけではなく、「ある仕事に必要なものを用意するための仕事」というものが存在します。そうすると、その仕事の成果は、別の仕事をするときに必要なもの、なのですから、その仕事を行う前の時点で成果を出していないと困ります。そのような時系列の前後関係を整理すると、仕事は連鎖していることがわかります。この連鎖がプロセスです。

図：仕事の連鎖

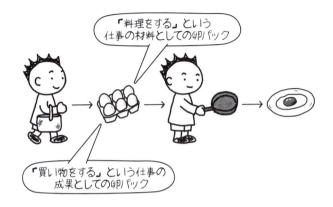

　この連鎖の中で必要な仕事が漏れていると、後の仕事が立ち行かなくなり仕事が進められなくなります。仕事が進まないということは滞留を引き起こすということであり、仕事の滞留はネガティブな状況を招来するきっかけとなってしまいます。

システム設計というプロセス

　話をシステム設計に戻します。プログラマが「なるほど、これを実現すればよいのね」と納得できる情報を提供することがシステム設計であると言えました。そのような成果を出す仕事をするためには材料が必要になります。では、システム設計の材料とは何でしょう。これが「要件」になります。この要件という材料を用意するのが「要件定義という前工程」です。

図：前工程と後工程の関係

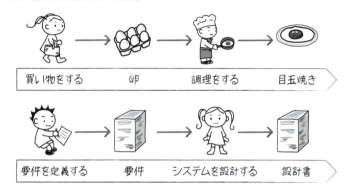

　つまり、システム設計とは、さらに言い換えると「プログラマが実現できるように要件を変換する」ということになります。

CHAPTER 03

システム設計とは何か

システム設計は必要なのか

　こうしてみると、要件をそのままプログラマが見て「これなら作れるよ、大丈夫！」と言ってくれるのであれば、別に頑張ってシステム設計を行う必要はないように感じます。実際そのとおりで、要件を見て迷ったり悩んだりすることがなければ、システム設計を行わずにソースコードを書くという仕事をすることができます。それで問題なくソフトウェアやシステムが実現できることも、現実にあります。

コラム　設計書としてのソースコード

　1990年代に大きな議論となったのが「ソフトウェアにおける設計書とは何か」ということでした。これは言い換えると、「設計書をもとに製品を製造するというのであれば、ソフトウェア開発における製品とは何か」ということでもありました。これは特にインタープリタ型言語ではなくコンパイル型言語を主眼として論じられたわけですが、その際に「最終製品は実行形式となったファイルである」という説が唱えられました。これはつまり、コンパイラによるコンパイル作業やリンカによる実行形式ファイルの生成という過程（プロセス）こそが製造プロセスであるという説でした。

　そうすると、その製造プロセスのインプットこそが製造すべき製

品の仕様書であり、その仕様書を定義するのが設計であるのだから、ソースコードこそが設計書である、という結論に至ったわけです。この論は、当時まだオブジェクト指向が実用には程遠いとみなされていた時期（何せ UML がまだ夢の未来だった頃ですから）でもあり、CASE ツールへの期待などもあり、賛否両論が沸き起こり激論が交わされたのですが、その後のアジャイル系の開発プロセスにおける「ソースコードこそがドキュメントである」という思想の萌芽であったことは間違いないと言えます。

コンピュータリソースが非常に高価であった頃は、1 本のプログラムを作るにも、まずプログラムの設計士であるプログラマがアルゴリズムを設計し、その論理回路図としてのフローチャートを書くことがプログラム設計であるとされ、フローチャートをもとにコーディングシートと呼ばれる用紙に手書きでプログラミング言語（COBOL など）を書き起こすコーダーや、その書き起こされたものをソース（Source、源泉）コードとして分厚い用紙のパンチカード（後にフロッピーディスクのような磁気媒体になっていった）にパンチ入力するパンチャーが作業し、さらにそのパンチカードをコンピュータに読み込ませてコンパイル以降の作業を行うオペレータが存在する、という分業が行われていました。しかし、1990 年代初頭の PC の爆発的な低価格化と普及によってプロセスイノベーションが起こり、プログラマが直接ソースコードをコンピュータに入力して即座にコンパイルできる環境が整ったことにより、このような変化が起こりました。

つまり、コンピュータの発展はまず我々ソフトウェア開発関係者の職能の中抜きを招来し、成果の再定義を促したのです。

しかし残念ながら、昨今の IT システムは構成が複雑になっており、それに対応するために関与する人も多様になりがちで

あるため、単純に「こんなことを実現したい」という要件だけでは行き違いが発生することもあります。複数の開発者同士の合意形成のためにもシステム設計という仕事が必要になります。

では、システム設計という仕事が必要であるとして、具体的にはどのようなことをすればよいのでしょうか。それは「要件をアーキテクチャにマッピングする」ということです。

システム設計とアーキテクチャ

アーキテクチャとは、システムの個々の構成要素をどのように組み合わせるかという構造の考え方です。方式と呼ばれることもあります。クライアントサーバ型とか3層アーキテクチャとか、いろいろな呼ばれ方でいろいろな方式が存在します。

システム設計とは、今回採用するアーキテクチャ上のどこでどの要件を実現するのかを割り振っていくことです。ですから、

アーキテクチャから独立したシステム設計は不可能である

ということをまず納得する必要があります。

■要件とアーキテクチャ

たとえば「電車での移動中でもスマホですぐに現在の商談の状態を確認する」という要件があるとします。これを実現するためのシステム設計を考えるとき、スマホというものを無視することはできません。言い換えると、スマホを使うことができる全体アーキテクチャを前提としてシステム設計をしなければなりません。ということは、この場合のシステム設計はスマホ

を使うというアーキテクチャにどうしても依存してしまいます。つまり、システム設計という仕事において成果を出すためにはその材料として要件とアーキテクチャの両方が必要なのです。

　また、いわゆる非機能要件（ほにゃららビリティと呼ばれるような類のもの）も、アーキテクチャに強く左右されます。セキュリティや性能（さくさく動作する）や可用性（落ちない！）など、これらは利用者にとって関心のある「合意形成対象としての要件」の機能要件と異なり、極論を言うと「プロにお任せするので手抜かりなくしっかりとやってね」という要求以上のものではありません。ですから、技術者側で各種制約条件（技術・予算・期間など）に沿いながら落としどころを考えてアーキテクチャに反映することになります。

■アーキテクチャ設計の必要性

　それゆえ、アーキテクチャもまた設計の対象であり、「定義されたアーキテクチャ」という成果を出すための仕事である「アーキテクチャ設計」の材料の1つが、「要件定義の成果としての要件」でもあるのです。

　さらに言うなら、プログラミングを行うためのプログラミング言語に何を採用するのかであったり、その開発生産性を高めるためにどのような道具（フレームワークやライブラリなど）を利用するのかなどを定めるのもアーキテクチャの一部です。

　このため、システム設計について述べようとするのであれば、「どのような要件をどのようなアーキテクチャで実現するつもりなのか」ということが定まっていないと、「スマホ主体のシス

テムを COBOL 言語メインでクライアントサーバ型で作りましょう」といったキーワード的なパーツの寄せ集めで無謀なチャレンジをすることになりかねません。それらは全体を系として連携させることを考慮していないため、実際に開発する段階になって実現不可能ということになってしまいます。

■本書で想定するアーキテクチャ

つまり、アーキテクチャの限界が要件実現の限界でもあることは十分に理解しておく必要があります。これらを踏まえて、本書で想定するアーキテクチャは次のように設定します。

- フロント層・バック層・DB（データベース）層の3層構造とする
- フロント層は、モバイルや IoT（Internet of Things、モノのインターネット）におけるエッジ層／フィールド層も想定して、いわゆるリッチクライアント型とする
  - いわゆるネイティブアプリや SPA（Single Page Application）など、GUI を自前で独立して制御するもの
- フロント層とバック層の間の通信は Web（HTTP）により行い、電文（JSON や XML など）の送受信で実現するものとする
  - つまりバック側の言語が PHP や JSP などであっても、UI としての HTML を生成してフロント側に送出するのではなく、データのみを送り、フロント側はそのデータを受信して自前で UI を構築する形になる

- DB 層は単なるデータベースだけでなく、いわゆる DAO（Data Access Object）などのデータアクセスの手段まで含めたものとする
  - 詳細は CHAPTER 15 以降の DB 層の設計についての章で説明

この**アーキテクチャに要件をマッピングすることがシステム設計**なのです。

図：要件をアーキテクチャにマッピングする

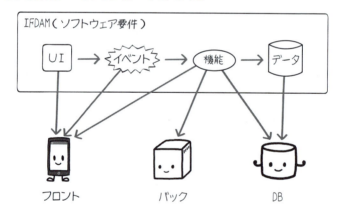

ところで、ここまで「要件」と連呼してきました。では要件とはどのようなものなのでしょうか。次は「要件」について再確認しましょう。

第 2 部

システム設計のその前に

CHAPTER 04 要件定義とは何か
CHAPTER 05 要件定義のサンプルケース

要件定義とは何か

システム設計を行う前に

ここまでのお話のとおり、システム設計という仕事には要件という材料が必要になります。本書は要件定義そのものについての書籍ではありませんが、材料の前提がずれてしまうとシステム設計という仕事が成立しないので、ここでは簡単なサンプルをもとにざっと要件の構成について概観してみます。

要件とは

要件を日常的な単語に置き換えると「注文（オーダー）」が妥当なものになります。では「注文」とは何でしょうか。それは

作ってほしい人が
作る人に出す
依頼事項（リクエスト）

ということになります。

しかし、無理難題を依頼されても作る側が困ってしまいます。ですから、要件は「これなら OK」というふうに依頼する側もされる側も了解している必要があります。つまり言い換えると

作ってほしい人と
作る人の間の

合意事項

が要件であるということです。

要件定義という仕事

では、どのようなことについて合意すればよいのでしょうか。今回はITシステムの実現についてのお話です。ですから

プログラマがソフトウェアを完成させるために必要な情報

について合意している必要があります。ではその「必要な情報」とは何でしょうか。基本的には次の3点セットになります。

・UI
・機能
・データ

ではこの3点セットを要件としてまとめるには何をどうすればよいでしょうか。それがいわゆる「要件定義」という仕事になります。ここでは詳細は省略しますが、ざっくり言うと

・このITシステムを作ることによってどんなふうになることを期待しているのか
・このITシステムはどのようなものか
・このITシステムは具体的にはどういう要素（これがいわゆる3点セット）で構成されることになるのか

を定めることになります。

これらを具体的に定義していくプロセスについては拙著『はじめよう！ 要件定義』と『はじめよう！ プロセス設計』[*1]をお読みいただくとして、ここではそれらに記載されている内容を推進した結果、次のような要件が揃ったものとします。とある目玉焼き専門店のお話です。

図：業務プロセスと要件定義の関係

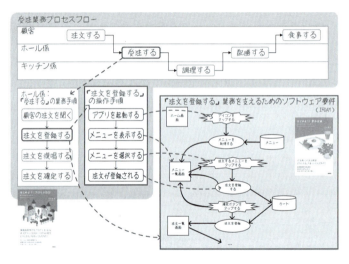

---

*1 『はじめよう! 要件定義～ビギナーからベテランまで』(ISBN 978-4-7741-7228-6)、『はじめよう! プロセス設計～要件定義のその前に』(ISBN 978-4-7741-8592-7)

CHAPTER 05

要件定義のサンプルケース

評判の「目玉焼きハウス」の困り事

とあるところに、目玉焼きの専門店である、その名も「目玉焼きハウス」というお店がありました。いわゆるレストランであり、メニューは目玉焼きのみに特化したシンプルなお店なのですが、創業者であるオーナーのアイデアで考えたレシピが顧客ニーズにうまく刺さったようです。産地にこだわった新鮮な卵を活かした絶妙の焼き加減による美味さと、食べるとなぜか頭がスッキリして仕事が捗(はかど)ることが評判になり、オフィス街を中心に3店舗を経営しています。最近では、物珍しさから海外からの観光客も増えており、ますます忙しくなっています。現状のスタッフはアルバイトが中心であり、すべて手作業+紙の伝票などで現場を回しています。

図：にぎわう目玉焼きハウスとオーナー

　メニューは前述のとおり目玉焼きのみなのですが、味付けとして「しょうゆ」「ソース」「塩」を選ぶことができます。また、焼き加減を「とろとろ」「半熟」「普通」「固め」から指定することができます。そして通常の「シングル」に加えて、卵を2つ使った「ダブル」、そして卵を3つ使った贅沢な「オーズ」の3種類があります。食べ物は目玉焼きのみですが、ソフトドリンクのメニューもあります。

図：メニュー

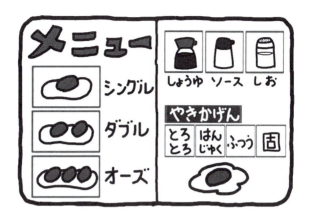

　おかげさまで評判が良く来客も多くて繁盛しているのですが、最近になって悩み事が増えてきました。困り事を整理すると次のようになりました。

図：困り事一覧

- オーダーのミスが多い！ 顧客からの不満が増えている
  接客が不十分になってしまう

    バイトが中心なので
    - 品数が多くて覚えきれない
    - 聞き間違いや伝票の書き間違いが多い
    - 外国人観光客が多くて、
      - メニューの説明が大変
      - 言葉がわからなかったり

- 調理ミスが多い！ 作り損じロスが多い

    紙の伝票なので
    - 厨房が読み間違えたり
    - オーダー順序が入れ替わってクレームになったり

- 会計精算のミスが多い！ 対応コストが大きい
  顧客からの評判が下がる

    レジにてなぜこの金額なのかの問い合わせが多い
    （オプション有無などの注文詳細がわからない）

    このままではこれ以上の多店舗展開は無理！

IT化推進のために要望を整理

　目玉焼きハウスのオーナーはこのままではまずいと考え、IT化をする決断をしました。おりしも時代はAI（Artificial Intelligence、人工知能）とのこと。経営者同士の勉強会などではIoTという言葉も聞いたりします。知り合いのITが得意なコンサルタントに依頼してIT化を推進してもらうことにしました。依頼を受けたコンサルタントはまずオーナーの要望を整理しました。

図：要望一覧

スタッフ、ラクラク！　顧客、ワクワク！

- 顧客による直接注文の実現によるオーダーミスの削減
- 調理指示と注文の自動連動によるスピーディな調理着手
- 調理指示の最適化の実現による調理ロスの削減
- 注文と会計の自動連動による清算ロスの削減

- 売れ筋／死に筋の把握
- 店舗環境（天候や温度、近隣イベントなど）と売上や客層の相関分析

- 店舗での集計ミスなどの防止による管理コスト削減
- 食材の計画的な発注と食材在庫最小化
- 売れ行きを鑑みながら、お勧めメニューなどのリアルな投入

- スタッフの属人化排除
- 適切な人員配置とローテーションの実現

- より積極的なマーケティング展開
- 同業他社とのより一層の差別化

- 多様な決済方法に対応（クレジットカードや電子マネーなど）

などなど

　しかし、これらを一気にやるのは大変です。そこでいろいろなやり取りの末に次のような要求を定めました。

図：要求一覧と実現時のイメージ

- タブレット端末を各テーブルに置いて、顧客にセルフサービスで注文をしてもらえるようにしたい

- 調理場にも大きいタブレット端末を配置して、以下のことをしたい

  - 注文内容の確認
  - 調理の着手
  - 調理の完了／注文の消込

- ホール係にスマホ端末を持たせて、以下のことをしたい

  - 調理完了に連動した配膳指示
  - テーブル端末からのスタッフコール対応
  - 会計終了後のテーブル片付け指示

- 注文と会計との連動

要件定義の成果物

　コンサルタントはこれらについて検討しながら、具体的に3点セットに落とし込みました。最終的に要件としてオーナーと合意した成果物は次のとおりです。

・企画書
・全体図
・ソフトウェアアーキテクチャ
・シナリオ一覧

- ビジネスシナリオ
- アクションシナリオ
- 操作シナリオ
- ワークセット一覧
- UI ラフスケッチ
- IFDAM 図（拡張画面遷移図）
- 機能定義書
- ERD（Entity Relationship Diagram）

それぞれについて一部を抜粋します。

 IFDAM図

　拡張画面遷移図は、『はじめよう！ 要件定義』では「画面遷移図」という名称で説明していましたが、「名前がほしい」というご要望に対応しました。現在では「IFDAM（Interface, Function and DataStore Application Model の略、イフダムと呼ぶ）」図という名称になっています。

図：企画書

図：全体図

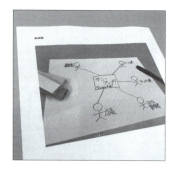

図：ソフトウェアアーキテクチャ

図：シナリオ一覧

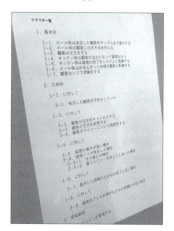

CHAPTER 05：要件定義のサンプルケース

図：ビジネスシナリオ

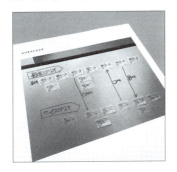

図：アクションシナリオ

図：操作シナリオ

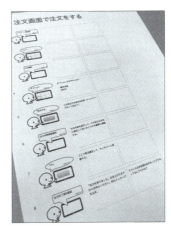

図：ワークセット一覧

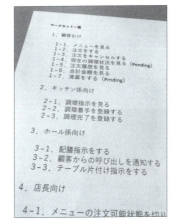

図：UI ラフスケッチ

図：機能定義書

図：IFDAM 図
　　（拡張画面遷移図）

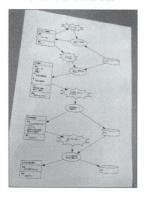

図：ERD

情報が足りない！

　これら要件定義の成果物、すなわち要件を携えて、コンサルタントは、開発を引き受けてくれることになった敏腕エンジニアに相談しました。

図：コンサルタントとエンジニアの相談

敏腕エンジニアが言いました。

気持ちは理解した。しかしこのままではまだ実装するための情報が足りない。

ではどうすればよいか。そうです、システム設計を行うのです。お待たせしました。いよいよ本題であるシステム設計について詳細を順番に見ていきましょう。

第3部

システム設計の詳細

CHAPTER 06	改めてシステム設計とは何か
CHAPTER 07	フロント層 UI設計を行う
CHAPTER 08	フロント層 UI設計の手順
CHAPTER 09	フロント層 要件定義としてのUI設計
CHAPTER 10	フロント層 機能を設計する
CHAPTER 11	フロント層 モジュールのインターフェースを定義する
CHAPTER 12	フロント層 モジュールの実装を定義する
CHAPTER 13	フロント層 実装定義をやってみよう
CHAPTER 14	バック層 バック層を設計する
CHAPTER 15	DB層 モジュールのインターフェースを定義する
CHAPTER 16	DB層 テーブル設計を行う
CHAPTER 17	DB層 実装を定義する
CHAPTER 18	システム設計の成果

CHAPTER 06

改めてシステム設計とは何か

システム設計という仕事

　さて、いよいよここからシステム設計という仕事について見ていきます。システム設計とは「要件をアーキテクチャにマッピングすること」です。今回想定している3層構造のアーキテクチャの場合は、次の3つの層に対して要件を割り振ることになります。

・フロント層
・バック層
・DB層

図：IFDAMから3層へのマッピング

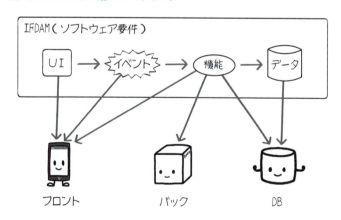

さて、この3層のどれから設計を行えばよいでしょうか。各層の設計をするというのもやはり仕事です。仕事には材料が必要になります。それぞれの層について設計する際にどのような材料が必要なのかを考えると、自ずと定まってきます。

まず、この3つの層が全部揃って1つのシステムです。どれが欠けてもシステムとして成立しません。では、そのシステムはなぜ必要なのでしょうか。それは「ユーザの期待に応える」ためです。逆に言うとユーザの期待に応える以外のことをしてもそれはオーバースペックでしかないと言えます。

まずはフロント層から

では、ユーザに向き合うのはどの層でしょうか。そう、フロント層です。ということは、何はともあれまずはフロント層がきっちりと仕事をするように設計してあげなければいけません。

そしてここからが大切なポイントになりますが、フロント層だけでユーザの期待に応えられるのであれば、別に他の層は必要ありません。しかし、フロント層だけでは力不足のときがある。そのときにそれを後ろから支えてあげるのがバック層ということになります。つまり、バック層の役割とは「フロント層の期待に応える」ということになるのです。ということは、DB層は？ そうです、「バック層の期待に応える」のがDB層の役割となるのです。

コラム　要件とスタンドアロンアプリケーション

　フロント層のみで完結するアプリケーション、たとえばスマホ向けの単純なメモアプリを作る場合に、IFDAMのような要件定義は必要なのでしょうか。結論から言うと必要です。

　IFDAM図は、見た目が各種のシステム設計技法におけるモデル図に似ていることから、3層構造専用の表記法と誤解されるケースもありますが、あくまでも「コンピュータ（＝システム）がやるべきこと」を明記しているのであって、その物理的な配置などは一切考慮されていません。ですから、実装先がメインフレームであってもクライアントサーバ型システムであっても、PC向けやスマホ向けのスタンドアロン（単独で完結）であっても、「ユーザがこのような情報を表示するUIを見て、このようなイベントを起こすと、コンピュータ（システム）はこのような仕事をして、このようなUIに情報を表示する」という要件自体は変わりません。

　このようなことを書くと、では実装に依存しない（実装独立の）要件定義を行えるのではないか、という話になりがちなのですが、そうではありません。繰り返しになりますが、「ユーザが誰で利用場所がどこか（たとえば、営業マンが客先でタブレットを使って遠隔で在庫の状態を確認できるようにする、など）」ということによって、そもそもの実装アーキテクチャが異なります。また、ユーザの行動はそのアーキテクチャを前提としたものになるのは致し方なく、当然ながらソフトウェア要件は想定するユーザの行動シナリオに従属します。結果として実装独立の要件というのは不可能である、となるのです。

期待とは注文と言い換えることもできます。そして注文とは要件の言い換えでもありました。つまり、DB層が果たすべき要件はバック層が決め、バック層が果たすべき要件はフロント層が決めます。そしてフロント層が果たすべき要件はユーザの期待、つまりシステムに対する要件から決まります。これを言い換えると「DB層の要件はバック層の期待に従属し、バック層の要件はフロント層に従属する」となります。ですから、3層のどこから設計を進めていくのかというとフロント層から行う、ということになるのです。

　そこで、最初はフロント層から設計を行うことにします。

コラム　アンサンブルとしてのアプリケーション

　このような例えをすると余計にわかりづらくなるかもしれませんが、筆者はフロント層・バック層・DB層の3層構造を音楽におけるバンドのような構成でイメージしています。つまり、

・フロント層：メロディ（ボーカル＋コーラス）
・バック層：ハーモニー（キーボード＋ギター＋ブラス＋ストリングス）
・DB層：リズム隊（ベース＋ドラム）

ということです。

図：層同士のアンサンブル

　顧客＝利用者（ユーザ）にとって一番目につくのは、バンドの場合は主旋律（メロディ）を担当するボーカルであり、ソフトウェアシステムの場合はUIです。ですから、華が必要ですし、実際ソフトウェア開発においてUIにかかるコストは年々増加する一方です。

　一方で、データの記憶と入出力・検索については正しく維持されるということがあまりにも当たり前すぎて利用者はまったくと言ってよいほど気にしません。しかし、注文データの数量が違っているなど、ほんの少しでも間違いがあると大問題になります。この「上手くやっていて当たり前。少しでもミスがあると悪目立ちして利用者にものすごい不快感を与える」というのは、音楽では屋台骨となるリズ

ム隊に相当します。

　音楽もソフトウェアも各要素が調和して1つの系を成り立たせるわけですから、どれもみな重要でありその意味において平等です。しかし、利用者からすれば目につくところがまずは重要です。システムという系をバランスさせるエンジニアとして全体への気配りを忘れないようにする一方で、利用者の観点への配慮もまた同じくらいに重要だということは、どれほど強調してもしすぎるということはないでしょう。

フロント層 UI設計を行う

フロント層を設計する

フロント層はシステムにとって、「世界との接面（Interface、インターフェース）」になります。フロント層の役割は「ユーザの期待に応えること」です。ですから、フロント層はシステムの代表としてユーザ、すなわち利用者に向き合うことになります。ユーザ（User）に向き合うのがUI（User Interface、ユーザインターフェース）です。フロント層を設計するとなると、まずはこのUIを設計することになります。

コラム 世界との接面ということ

フロント層の本質は「アナログとデジタルの変換」です。我々人間が生きる物質・物理のアナログワールドと、システム内部の電子の世界、すなわちデジタルワールドの橋渡しとして、情報の双方向の変換を実現するのがフロント層の役割です。その役割を担うパーツの1つとしてUIが存在します。

ですから、IoTなどにおけるエッジ層／フィールド層と呼ばれるものも本質は同じで、物質世界の映像や音声、温度や傾きなどを検知・認識してそれをデジタルデータに変換したり、データを音声やモータ駆動などの物理的な運動に変換してアナログ世界に伝達すること

で、ユーザがシステムに期待していることに応えます。

　つまり、今後の「人間以外の存在を顧客にする」時代を想定するなら、UI というよりも WI（World Interface、ワールドインターフェース）と呼ぶほうがより正確な表現になっていくのだろうと考えます。

UI 設計を行う

　では、まず UI 設計から行いましょう。目玉焼きハウスのサンプルをもとに進めていきます。

■ UI 設計とは

　UI 設計とは何でしょうか。開発する人が「この UI を作ればよいのね、ということがわかる」ようにすることと言えるでしょう。そこで先ほどの敏腕エンジニアに UI 設計を依頼してみます。すると「最近の UI はいろいろと考えるべきことが多いので、専門の UI デザイナーに依頼するほうがよい」と言われました。

　確かにユーザビリティ・使い勝手が悪いと、ユーザが社内の人であれ社外の顧客や取引先であれ、ちゃんと使ってもらえなくなります。ましてや今回は目玉焼きハウスに来店する顧客に直接使ってもらうわけですから、お店が顧客に提供するサービスそのものと言っても過言ではありません。そこで UI デザイナーを紹介してもらって相談をしました。

　UI デザイナーは UI デザインという仕事をします。この仕事は大きく次の 2 つになります。

- UIデザインの標準ガイドラインを定める
- 標準ガイドラインに沿いながら個別のUIデザインを決める

　1つめの標準ガイドラインを定めるという仕事を行うために必要な材料は大きく3つです。

- **要件（の全体感）**
- **プラットフォームのUIデザインガイドライン**
- **昨今のデザイントレンドなどの知見**

　これらの材料をもとに、基本となる色やフォントサイズなどビジュアル的な標準を決めていきます。そして標準が定まったら、その標準に沿いながら個別のUIの要件について設計を施していきます。

図：UIデザインのプロセス

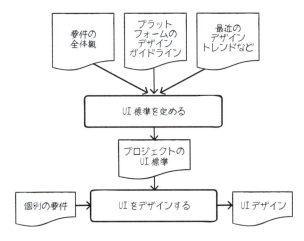

■ UIの項目をどの画面のどこに配置するか

さて、UIと一口に言ってもさまざまな要素で構成されます。大きくは2つに分かれます。

・情報構造
・ビジュアルデザイン

です。そしてこの両者にまたがる形で大きな意味を持つのが

　レイアウト

になります。項目をどの画面のどこに配置するのかによって、ユーザの視認性（わかりやすさ）や操作性（使いやすさ）が左右されます。これを整理する中で、1つの画面に項目を押し込むのをやめて2つの画面に分けたりすると、当然その画面の間には画面遷移が生まれます。画面遷移が生まれると操作手順（操作シナリオ）が変わりますから、使い勝手も変わってきます。ですから、どういう項目が必要でそれをどこに配置するのかというのはUI設計の核心となります。

コラム　UIデザインに関する基礎知識

UIデザインは日進月歩の世界であり、技術的な進展と同時にまるでファッション業界のようなトレンド（流行）の変化が激しい世界で

もあります。UI について真剣にスキルを習得しようとすると、ざっと箇条書きするだけでも次のような要素を挙げることができます。

- グラフィックデザイン（主に、カラーリング、タイポグラフィ、レイアウト）
- IA（Information Architecture、情報アーキテクチャ）
- テキストコンテンツにおけるコピーライティング
- ボタンのラベルなどの文言におけるマイクロコピーライティング
- イラストレーション
- アイコンやピクトグラムなどの情報デザイン
- 画像の加工技術
- 写真の撮影方法
- アニメーションやエフェクト
- UX（ユーザエクスペリエンス）

さらには

- サウンドデザイン
- 動画の撮影や編集

そして今後は

- 音声入出力
- AR（Augmented Reality、拡張現実）や VR（Virtual Reality、仮想現実）とそれに対応しての 3D モデリング
- ジェスチャ入力
- アクチュエーション出力（モータ駆動など）

などが求められることでしょう。しかもこれらはゲームなどのエンターテインメント系のみならず、ビジネス系においても今後積極的に取り入れられていくことでしょう。本書は現時点における一般的

なUI画面の話を前提としていますが、そう遠くない将来に時代遅れになりそうで正直怖くなるのも事実です。

一方で、人々の暮らしを変えるのはやはりテクノロジーですから、早くこれらの技術が当たり前になって、もっともっといろいろなことが実現されて不便が減っていくとよいなとも思います。そのような新時代を牽引していくのがこれからのIT屋・システム設計屋の重要なミッションです。ですからこれらの新技術に対して臆することなく貪欲に接していくことが大切だと言えるでしょう。

ここで重要なのは、UIに必要な項目そのものについてはUIデザイナー（やエンジニアなど）は勝手に決めることができないということです。もっと言うと、そもそも「どうしてその項目が必要なのか」とか「その項目を用いて何をしたいのか」というようなことは、UIデザイナー（やエンジニアなど）にとってはまったく判断がつきません。

ですから、UIデザイナーに対してUIデザインを依頼するのであれば、「こういうレイアウトを実現したい」という意志を込めたものを定義して渡す必要があります。もし仮にUIデザイナーがいない場合は、作る側にデザインセンスがなければUIについてお任せ・丸投げなどできようもないのですから、やはり「こういうUIにしたい」という意志を込めたものを定義する必要があります。かくして、結果として「**UI設計をする＝ある程度のレイアウトデザインをする**」ということになります。

コラム 要件定義とUI

　要件定義を行う担当者とUIデザイナーとの関係は、要件定義における合意形成のプロセスそのものです。

図：要件定義の基本的な流れ

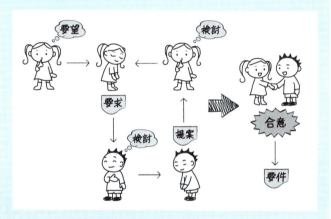

　要件定義の担当者が「こんなソフトウェア要件を実現したいので、ついてはこんなUIを実現したいです」ということをUIデザイナーに要求して、それに対してUIデザイナーが検討～提案を行います。UIデザイナーはUIデザインを検討する中で、単に美しいデザインを考えるだけではなくオペレーションなどを鑑みてより良いソフトウェア要件を提案することができます。

　ですから、本書ではシステム設計の一部としてUIデザインの話に触れてはいますが、拙著『はじめよう！ 要件定義』でも触れているように、要件定義の一環としてUIデザインを行うほうが合理的であることは強調しておきます。

UIのレイアウトデザインを行う

そこで課題になるのは「ではどのようにしてUIのレイアウトデザインをすればよいのか」ということです。そういうことがわからないからUIデザイナーにお任せしたいのですが、お任せするためには「こういうふうにしたい」というものを材料として提示する必要がある。ここでぐるぐると無限ループに陥ってしまうのです。

この円環を断つには自分がある程度のレイアウトデザインをするしかありません。そこで非常に大きな助けとなるのが『ノンデザイナーズ・デザインブック [第4版]』[2]という書籍です。

図:『ノンデザイナーズ・デザインブック』

この書籍がいかに優れたものであるかは、ネットを検索すると多くのデザイナーの方がこれを推奨していることからも感じ

---

[2] Robin Williams著、吉川典秀訳、マイナビ出版、2016年、ISBN 978-4-8399-5555-7

られることでしょう。この書籍のすばらしいところは、タイトルのとおりノンデザイナー、すなわちデザイナーではない人であってもそれなりのデザインが、しかもさほど苦労することもなくできるようになるという点にあります。これを上手く活用することで、デザイナーでない人であってもUI設計を進めることができるようになります。

UIデザインの4つの基本原則

では、この『ノンデザイナーズ・デザインブック』の内容とはどのようなものなのでしょうか。詳細はぜひとも実際に読んでいただくこととして、この本に出てくる4つの基本原則を簡単に紹介します。実際にはこれら4つをごく自然に組み合わせて使うことになります。

図：4つの基本原則

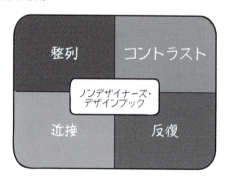

■近接

近接（Proximity）とは、関連する項目同士を近くに集めてグ

ルーピングすることです。逆に言うと、関連しない項目は遠ざけてしまうという意味になります。

図：注文伝票における近接の例

コラム 近接とDB設計における正規化の類似性

　DB設計の話は本書の後半に出てくるので、ここで話が飛んでしまうことは申し訳ないのですが、バラバラの項目を関連のあるもの同士でグループ化して境界をはっきりさせていく行為は、DB設計における正規化（Normalization）に似ています。リレーショナルデータベースの観点から見ればUIとは非正規形の情報ということになりますが、非正規形＝無秩序というわけではありません。IAとも関連しますが、UIにおける近接を考えるというのは、UIという1つの情報体のデータ構造を考えることに直結するのです。

■ **整列**

　整列（Alignment）は、ビジュアル面で最も重要な原則です。個人的には4つの原則の中で最も強く意識して日々の作業を行っています。UI上の「すべてのもの」を「意識的に配置する」ということです。具体的には「見えない直線を想定し、それに配置する各要素を沿わせる」というものです。

図：整列の例

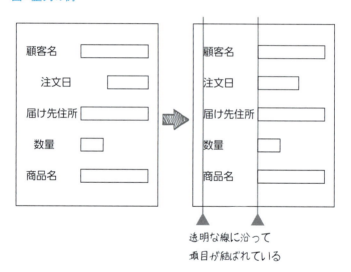

　整列はUIのみならず、日常的な書類やプレゼン資料などの作成でも大いに役に立ちます。

CHAPTER 07: フロント層 UI 設計を行う

コラム 整列とグリッドデザイン

いささか乱暴な要約になりますが、この整列の原則の延長に、昨今のUIフレームワークによく導入されているグリッドレイアウトシステムが存在します。そしてそれを踏まえて、マルチデバイス対応などによるUIの縦横比に応じて変化するレスポンシブデザインの考え方が存在します。

ともすれば、初期のVB（Visual Basic）的な、GUIによるいわゆるポトペタ型UI開発での絶対座標による要素配置に馴染んでいると、グリッドデザインの相対座標指定がまどろっこしく感じることもあるでしょう。しかし、現代は昔のように画面サイズをたとえばSVGAに固定して設計するというような時代ではありませんので、多様な画面サイズに対する配慮の一環としてぜひとも前向きに活用すべきでしょう。

■ 反復

反復（Repetition）は、UIデザインにおいては否応なしについて回ります。言い換えるとリストです。1990年代のUIは、表計算ソフトの影響による、いわゆるグリッドテーブル型が目立ちました。GUIコンポーネントなどは、現代でもこのテーブル形式を表現するためのものが数多く提供されています。それらはPCの大画面化には適合していましたが、現代のスマホやタブレットのように指先でタッチ操作するようなUIが主流になってくると、細かすぎて操作が上手くできません。そのため、最近のモダンなUIではこの反復を活かしたリスト形式が主流

になっています。各プラットフォームの UI ガイドラインでも、このリスト形式が推奨されているケースが多数見受けられます。その意味では、ごく当たり前のように見慣れた形式であるがゆえに、UI 設計時にはしっかりと意識したい原則でもあります。

図：反復の例

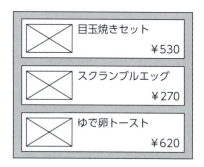

コラム　反復と第 1 正規形

　先ほど近接のところで DB 設計における正規化との類似性に触れましたが、反復はまさに正規化そのものです。端的に言えば、第 1 正規形を見出すということになります。このことを意識しておくと、後の DB 設計のときに多少考えやすくなるのは間違いありません。

■コントラスト

コントラスト（Contrast）は、各要素の表現にメリハリをつけて視覚上の刺激を高めるものです。UI デザインにおいては、要素ごとに重要度に差をつけたり、重要な項目を強調したりするために用います。

図：コントラストの例

フロント層 UI設計の手順

UI設計の進め方

4つの基本原則を意識しながら、UI設計を行います。ではどのような手順でUI設計を行えばよいでしょうか。そもそもこのお話は、システム設計の最初の層であるフロント層を設計する一部としてUI設計を行うということです。つまり、システム設計としてのUI設計を行います。ではシステム設計とは何かというと、要件をアーキテクチャにマッピングすることでした。つまり、要件を材料にしてUIを設計するということになります。では要件の何を材料にすればよいでしょうか。ここでIFDAM図が出てきます。

■ IFDAM図のピックアップ

IFDAM図は、ユーザの1つの行動ごとに作られます。たとえば、「商品を注文する」という行動だったり「注文をキャンセルする」という行動だったりします。これらの1つずつの行動に対して、その行動を支援するためにソフトウェア側で必要な要件を図示したものがIFDAM図です。ですから、ユーザがやること（行動）がたくさんあると、当然IFDAM図もたくさん存在します。

これらたくさんのIFDAM図＝要件を一度に全部上手く捌(さば)こうとしても、正直言って相当無理があります。急がば回れとい

うことで、こつこつと1つずつ取り組むほうが結果として着実に成果を出していくことが可能です。そこでまずは、今からUI設計をするIFDAM図を「1つ」選び出します。

図：いっぱいあるIFDAMから1つをピックアップする

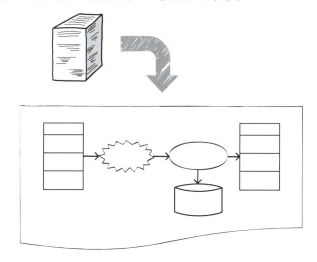

■ UI設計の手順

IFDAM図を1つ選んだら、IFDAM図の中に現れているUIに対して次の手順でUI設計を行います。

1. 項目をUI上に配置する
2. UIの分割を検討する
3. 分割に伴う画面遷移と画面間の機能について検討する
4. 画面遷移の変更に伴う操作手順の再確認と操作性の検討を行う

実際には、これらの手順に加えて

- ビジュアルデザインを施す（UI デザイナーとの協業）
- 後工程のために IFDAM 図に修正をフィードバックする

という作業を行います。よって、次の図のような試行錯誤のループを回すことになります。

図：UI 設計の手順

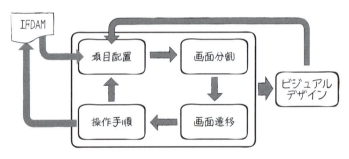

ですから、一直線にきれいに手順が進むわけではありません。しかし闇雲に行き当たりばったりで UI について考えよう・設計しようとしても、材料不足と手順の不明瞭さで作業が停滞するのは必然です。積極的に試行錯誤のループを回すのだという覚悟のもとに着手しましょう。では手順を順番に見ていきます。

項目をUI上に配置する

最初は「項目をUI上に配置する」です。IFDAM図のUIのところから項目を拾い出して、実際にUIのデザイン上に並べてみます。要件定義にてラフスケッチを作成している場合は、併せて参照します。このときに、先ほどの『ノンデザイナーズ・デザインブック』の4つの基本原則のうち、特に近接と整列を意識しながら項目の置き場所を考えていきます。

図：IFDAMから項目をピックアップして並べる

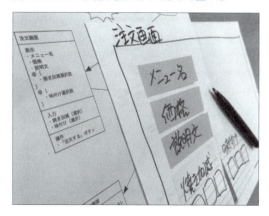

反復については、リスト形式では自ずから反復の原則を採用することになるでしょうから、さほど強く意識する必要はありません。またコントラスト（強弱）についても、「ビジュアルデザインを施す」ときに行っても十分ですので、まずはUI上の情報の論理構造をしっかりと組み立てるという意識でレイアウトを作ってみてください。

■ UI の役目を忘れずに

このときに意識すべきことは、「ユーザはこの UI を使うことによって、何を達成したいのか」を決して忘れないということです。ともすれば、見た目のきれいさだったり、あるいは開発側の都合などを考えて項目配置を行ったりしてしまいがちです。しかし、**UI の役目は「ユーザの期待にシステムが応える」ために「システムの代表としてユーザに向き合う」こと**です。ユーザから見て項目を見分けるのがややこしかったり、そもそもその項目の意味がわからなかったりすれば、せっかく配置しても役に立たないことになってしまいます。

■ 項目名を決める

また、この時点で項目名についてはしっかりと確認して決めてしまいましょう。具体的には「エイリアス」「シノニム」「ホモニム」問題です。

図：エイリアス、シノニム、ホモニム

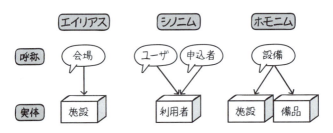

これは本来は要件定義でクリアしておくべき内容です。しかし、詳細に設計することでようやく見えてくる問題もあるで

しょう。ですから全部を要件定義で潰し切るというのは難しい面もあります。システム開発プロジェクトの工程がシステム設計に至っているのであれば、この工程が終わればここから先はもう実装しかありません。実装の時点で項目定義がふらついていると全体に及ぼすダメージが大きくなります。項目名についてはここで曖昧さを100％潰し切るのだという決意で臨みましょう。

コラム 工程名の問題

　実は項目名だけでなく、ソフトウェア開発プロセスにおける工程名にもこのような用語の不統一問題が生じていたりします。「要件定義」「概要設計」「基本設計」「詳細設計」「外部設計」「内部設計」「実装」「開発」「製造」などなど、さまざまな工程名がプロジェクトで飛び交いますが、同じ企業内でもプロジェクトごとに工程名が指し示す作業の内容が異なっているケースが多いことに驚かされます。

　ひどいときには1つのプロジェクト内において、プロジェクトメンバーごとに工程名の認識がずれていたりすることもあります。ですから「要件定義が完了しました」と言いながら機能一覧が存在しない（つまり機能数がはっきりしないので、工数の見積もりなどできようがない）状態であったり、コードを書いただけでコンパイルも通らないのに「開発は完了しました」というような報告を平気でしたり、ということすら見受けられます。工程名とは仕事名です。仕事とは活動＋成果です。「その工程の成果は何か」ということを明確にすることが、工程名を明確にするということにつながります。そのような癖

をつけることが項目名の定義を明確にするという意識につながり、結果としてプロジェクト全体の品質を下支えするのです。

UIの分割を検討する

　項目を並べていくと、1つのUIに押し込んでしまっているように見えるケースが出てきます。そのような場合は、見やすさや使いやすさを想像しながらUIを分割することを検討してみます。ここでは分割という言葉を使っていますが、逆に1つにまとめてしまうほうが良いケースもあります。

■レイアウトを描いて検討する

　このように画面の構成が変わると、当然項目の配置先も変更になります。UIを分割すると、分割元のUIに残す項目もあれば分割先に移動させる項目もあるでしょう。UIを1つに統合したら、当然両方のUIの項目が混ざることになりますから、レイアウトをし直すことになります。ともすれば1つにまとまっているほうがわかりやすいだろう、と脳内の合理的思考では思いがちだったりしますが、実際に見える形にしてみると、たとえばウィザード形式など、画面が次々と遷移していくほうが今見るべきものに集中できてわかりやすいということもあります。ですので、この分割／統合も一度で決めようとするのではなく、実際にレイアウトを描いてみて検討するようにしましょう。

CHAPTER 08： フロント層 UI 設計の手順

図：UI の分割／統合

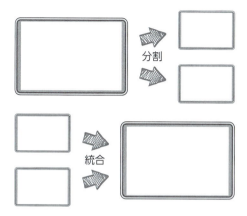

コラム プラットフォームのUIデザインガイドラインを学ぶ

OS あるいは GUI プラットフォームごとに、各ベンダからどのように UI をデザインすればよいかという「UI デザインガイドライン」が提供されています。UI デザイナーを自称する人であれば当然既読のはずですが、UI デザイナーが不在のプロジェクトの場合は何となく画面設計担当者の感覚頼りになってしまっているケースも多々見受けられます。それらのプロジェクトでは結果としてやはり非常に使いづらい UI になってしまっています。このような事態を繰り返さないためにも、プラットフォームごとの「UI デザインガイドライン」には必ず目を通しましょう。

59

操作手順を確認する

　画面の分割・統合をしながらレイアウトを修正していくと、当然ながら当初考えていた操作手順とは異なってきます。使い勝手の悪い UI であっては、ここまで行ってきたせっかくの工夫も台無しです。

■レイアウトと操作手順の確認

　そこでレイアウトと見比べながら改めて UI の操作手順を確認していきます。この時点で使い勝手に疑問が生じる場合は、再び項目の配置や画面の分割・統合と画面遷移について見直しましょう。

コラム　モックアップ活用ノススメ

　操作手順をいくら机上でドキュメント化しても、「実感」を得るのは正直言って難しいのが実情です。

　現在ではプロトタイプ（試作）未満の UI モックアップ（Mockup、模型）を作って、実機上で操作感の確認を行うための各種ツールがかなり整備されてきました。それらのツールを活用することで、より現実的な操作性の検証を行うことができます。

　個人的にはこれらのツールの積極的な活用をお勧めします。

図：操作手順を確認する

■**画面遷移とIFDAM図に変更を反映する**

　ここで重要なのは、画面遷移や操作手順が変更されるということは、要件定義の際にIFDAM図に記載していた「このUIでこんなイベントが発生したら、こんな機能を実行する」という要件も変更する必要が生じるかもしれないということです。その場合は必ず新しい画面遷移と合わせてIFDAM図に変更内容を反映しておきましょう。でないと、UI設計以降の作業が進まなくなってしまいます。

図：修正を IFDAM 図に反映する

ビジュアルデザインを行う

　ここまでできたらビジュアルを整えます。『ノンデザイナーズ・デザインブック』の4つの基本原則におけるコントラストや、配色およびタイポグラフィ、さらにはアイコンのデザインなどへの対応が求められます。いわゆる絵心的な領域が強く要求される領域です。ですので、グラフィックデザインを習得した UI デザイナーと協業するのがよいでしょう。

コラム UIデザイナーにとっての材料

　UIデザイナーの仕事は「UIデザインをする」ことです。その成果はUIデザインそのものになります。仕事で成果を出すには材料が必要です。では「UIデザインをする」という仕事の材料は何でしょうか。それは「UIを通じてこんなことができるようにしたい」というソフトウェア要件であり、そのソフトウェア要件のもととなっているユーザの行動シナリオです。

　そしてややこしいことに、UIデザインと行動シナリオはニワトリとタマゴのような関係になりがちです。ですが、UIデザイナーは立場的にはシステムエンジニアやプログラマに近いことが多く、UIデザイナーが勝手に業務プロセスや顧客シナリオを定義できないケースもありますし、ビジュアル的なデザインは得意だがオペレーションシナリオまで考えるのは苦手という方もいます。

　ですから、UIデザイナーに丸投げするのではなく、利用イメージが想像しやすいような情報をできるだけ精密にして渡してあげる必要があります。これを突き詰めると、エンジニアがUIデザインを習得するか、UIデザイナーが業務設計やCX（カスタマーエクスペリエンス）デザインまで習得するか、ということになってくるわけですが、言い換えるとUIというものがソフトウェア要件においてそれくらい重要な位置付けになっているのが現代だということなのです。

エラー画面を考える

　UIに限らずソフトウェアの設計という話になると、非常に多く出てくるのが「エラー処理への対応」です。ともすればエラー処理をてんこ盛りにして、その割には正常系の検討が不十分ということすら起こることもあるくらい、どのようなプロジェクトであってもエラーへの対応についての関心は非常に高いものがあります。UI設計においてもこの傾向は同様で、エラー画面をどのように設計していくのかということについて、やはり虚心ではいられないようです。

■エラー画面に配置する項目

　エラー画面は何らかの処理をコンピュータが行った際に正常であると想定しているケース以外の状態、つまりエラーが発生したときにのみ表示される特殊な画面です。このエラー画面の役割は、利用者に対してエラーが発生したということを伝達するのと同時に、利用者に引き続きどのような行動をとればよいのかを促すことです。ですから、エラー画面に配置すべき項目として、次のものが必要になります。

- **現象**：何が起こったのかを伝える
- **原因**：なぜ起こったのかを伝える
- **対応**：どうすればよいのかを伝える

　例としては次のようになります。

- 現象：「数量エラーが発生しました」
- 原因：「数量にマイナスの数値が入力されました」
- 対応：「正しい数量を入力してください」

　現象や原因についてはしっかりと書かれていることが多いのですが、利用者がそれを画面越しに伝えられて、その後何をどうすればよいのかということについてまったく触れられていないケースが多々見受けられます。しかしそれでは利用者は戸惑うだけであり、つまり使い勝手の悪いソフトウェアということになってしまいます。ですからエラー画面を見た利用者が迷うことなく、次の行動をとれるように対応についてもきちんと定める必要があります。

■エラー画面を出さずに済む方法を考える

　しかし、使い勝手という点から考えると、そもそもこのようなエラー画面を見ずに済むのが一番です。そこで、この3つの項目を見ながら「そもそもこのようなエラー画面を出さずに済ませる方法はないのか？」ということについて、ぜひ検討するように心がけてください。

　この例の場合は、数量の入力を通常のテキストボックスにしてキーボードから入力させるようになっていることが、そもそものエラー発生の原因です。ですから、そもそもマイナスの値を入力することが不可能なUIにしておけばよいのではないかという考えが浮かびます。PCならスピナーコントロールのようなものを用意してマウスで入力する形でもよいでしょうし、

タッチデバイスであれば選択肢を限定したソフトキーボードを表示するということも考えられます。

図：入力方法を変えてみる

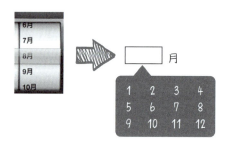

　このようにしてできる限りエラー画面そのものを減らす工夫を凝らすことが、開発生産性の向上に寄与するのはもちろんのこと、利用者にとっての使い勝手の向上や保守性の向上にも大きく貢献するのは間違いありません。ともすれば、どんどんあれもこれもと書き加えていくのが設計という仕事のように思われがちですが、むしろ最小限の実装で最大限の効果を発揮するための方策を考え抜く、いわば引き算こそが設計という仕事の本質であり醍醐味であるということを意識してもらえればと思います。

CHAPTER 09

フロント層 要件定義としてのUI設計

UI設計は要件定義の一部

　UI設計を実際に行っていくと、あることに気づきます。それは「UIそのもの」について検討するよりも、「UIを利用して行う人間系の行動の話」のほうが圧倒的に多く検討しているということです。果たしてそれは「UI設計」と呼べるでしょうか。ひょっとするとそれは「業務設計」あるいは「要件定義」なのではないでしょうか。

　しかし、それらの先行工程においてUIのことをここまできちんと考えずに、深く掘り下げることができるでしょうか。これは非常に難しい問いです。結論から言うと、UI設計と操作設計は不可分であり、操作設計と業務設計は密接な関係にあります。つまり「**UI設計は実は要件定義という仕事の一部である**」ということです。

■なぜ要件定義としてのUI設計が必要なのか

　かつてメインフレームの頃は、UIといえばほぼ帳票のことを示しており、グリーンディスプレイの低解像度の画面でできることも限られていました。また入力するデータの発生源はシステムを利用しているところとは別の場所にあり、手書きの伝票類を見ながら入力するのが当たり前でした。そのような時代であれば、業務設計として考えるのは「入力するという業務」で

しかなく、入力するデータのバリエーションだけを考えればよかったのです。ですから、画面設計はあくまでも設計工程の一部であって差し支えはありませんでした。「コンピュータを業務として利用するのは、伝票を入力するパンチャーだけ」だったからです。

しかし、今は違います。ネットショップなどのように、自社社員を飛ばして顧客が自社のシステムに直接データを入力する時代です。その使い勝手そのものが自社の商売の品質として問われる時代です。業務設計とはいえ、実際には顧客が直接操作する場合はもはや業務ではありません。だから、インターナルな社内プロセスをもサービスとしてとらえ直さなければならないとして、サービスデザインという言葉があえて生み出されて業務プロセスの在り方の再定義を求められているのです。

1990年代のダウンサイジングブーム以降、デスクワーカーの机上に1人1台のPCが配備されるようになったことで、パンチャーという職能が一掃され、発生源入力による業務効率向上が目指されました。しかしその結果は、「システムを導入したのに、以前よりも手間が増えただけ」というケースが山積みという有様です。これを解決するには、UI設計を単に「どのような画面を作ればよいか」を定めることとして考えるのではなく、「そのUIを操作するという行動を通じて利用者はどのような業務を行うのか」を定めることとして考える必要があります。つまり、要件定義としてのUI設計が実は必要不可欠な時代になったのだと言えます。

混ぜるな危険

そこで重要になるのが、「**システムが提供する機能ではなく、システムを使用するユーザの行動単位で考える**」という分割統治の思考です。

■ 1つのUIに複数の機能を盛り込むと……

たとえば「担当者が購入申請を登録する」と「上長が購入申請を承認する」は異なる行動です。そもそも行動する人自体が異なります。しかし、これを機能的にとらえて「購入申請というデータに対して、登録機能と承認機能を用意する」と考えると、1つのUIに複数の機能を盛り込んだものになりがちです。

図：1つのUIで複数のことができるようにする

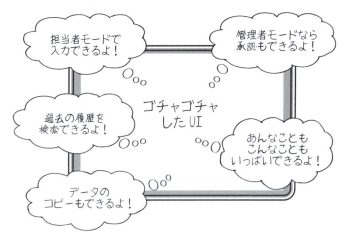

ですが、こうしてしまうと、プログラムの内部において「利用者が担当者か上長かを見分ける必要がある」「担当者が利用する場合は、上長用の承認機能を利用できないようにする」「上長が利用する場合は、担当者用の登録機能を利用できないようにする」などの対応も必要になります。この結果、「機能が複雑になる」「開発工数が増加する」「テスト工数が増える」「変更がしづらくなる」「バグの可能性が増える」などのソフトウェアとしてのデメリットが増えます。にもかかわらず、「利用者の使い勝手は向上しない、あるいは低下する」ケースが大半です。

図：利用者から見てわかりづらい・使いづらい

■**行動別に UI を用意する**

　そこで、そもそもの行動に立ち返り、それぞれの行動別に UI を用意しましょう。そうすることで、それぞれの実装はシンプルになりますし、しかも利用者にとって誤解のしようがない明快な UI を提供することができます。

図：それぞれに UI を用意する

そしてこれらを考えるということは、利用者の行動を考え抜くということになります。つまりやはり要件定義ということが鍵となるのです。

コラム 系で考えるということ

これはソフトウェア開発に限らないのですが、日本では万能の単体で何でも済ませようとしがちです。点ばかり考えて、線、つまり系で考えて適切に分業するということを考えようとしません。35ページのコラムで3層構造を音楽のバンドに例えましたが、いうなればボーカルがギターを弾きながら、さらに足踏みペダルベースと簡易ドラムセットを両足で交互に演奏しようとしているかのような状態に陥りがちです。その結果、無理してアクロバティックなことをして、総合的に見ると低クオリティに甘んじることになりがちです。

　このような場合は、普通にベースとドラムを入れるとか、あるいはベースの代わりにピアノを入れるなど、いくらでも楽して幅を広げる手段はとれるはずです。ところが、これがシステム開発の現場では、「単一言語に統一したほうが習得が楽」とか何とか奇妙奇天烈な理由を山のように持ち出してきて、茨の道を邁進しているケースがびっくりするほど多いことに愕然とします。

　もっと技術に対して素直にストレートにシンプルに接することで、自ずから適材適所ということを考えられるようになるでしょうし、それこそが低コストで技術の進展の恩恵に浴するための効果的な方法なのです。

　巨大で複雑な単一点の万能型を求めるよりも、シンプルな要素の組み合わせによる系を実現して全体最適を目指すということを心がけるべきだと私は考えています。

■ UI 設計の成果物

このようにして UI 設計を行ったら、きちんと IFDAM 図に変更点を反映しましょう。UI 設計の成果物としては次のものができあがります。

● 材料
　・要件定義工程による IFDAM 図
● 成果
　・UI レイアウト
　・今回の修正が反映された IFDAM 図
　・（できれば）操作手順書

この成果物をもとにして、引き続きフロント層の設計を進めていきます。

CHAPTER 10

フロント層 機能を設計する

フロント層が実行すべき機能

　フロント層の主たる役割は、利用者に接することでした。ですからその接面であるインターフェースが重要なので、まずはUI設計という仕事を行いました。ではこれでフロント層の設計が終わったのかというと、そうではありません。

　システム設計とは何かというと、要件をアーキテクチャに割り振ることでした。

図：IFDAM から 3 層へのマッピング（再掲）

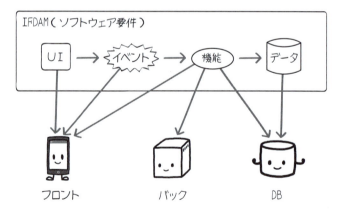

　フロント層も機能を実行するという役割を担います。そこでフロント層が実行すべき機能を考える必要があります。

　ここで1つ重要な観点があります。要件定義上の機能という

のはUIとUIの間、つまり画面遷移上に1つ存在します。利用者から見れば、自分に接しているUIから奥のことはどうでもよいからです。お願いしたことをきちんとやってくれればそれでよいのです。

　しかし、その「利用者から見れば1つの機能」を実現するために、実際にはフロント層・バック層・DB層が連携しないと実現できないことがあります。なので意識してほしいのは、「利用者から見て1つの機能の開始から終了までを実現するための複数による役割分担を定める」のがシステム設計なのだということです。

　ともすればフロントはフロント、バックはバック、DBはDBのように、それぞれに担当がついて分断され、それぞれが自分の役割に集中するあまり他との連携を顧みないようになってしまうことがあります。この結果として1つの機能としての連携をきちんと実現できないようでは、利用者からクレームが出てしまいます。ホール係とキッチン係の関係が不仲であっても、来店した顧客には関係がないのと同じです。依頼に対してきちんと応答するという1つの機能として完結しなければならないのです。

　ですから、今からフロント層のやるべき機能の設計を進めていくのですが、バック層と無関係かというとそんなことはありません。むしろバック層の機能をきちんと規定するための材料として、まずはフロント層の機能設計がしっかりできていないと駄目だということを念頭にこの先の話へと進んでください。

機能とは何か

■機能設計＝プロセス設計

機能という言葉を翻訳するとFunctionになります。そしてFunctionというと、ソフトウェア的には関数でもあります。つまり機能を設計するというのは、関数を定義するということでもあります。

では、ソフトウェアにおける関数とは何でしょうか。引数を入力として、何らかの処理を行い、戻り値を出力する。これが関数です。入力があって、処理を行い、出力する。このワンセットは何かに似ています。そう「仕事」の定義そのものです。仕事とは何でしたでしょうか。そうです、

**何らかの成果と、
その成果を出すために行う活動
のまとまり**

でした。そして仕事には材料が必要であるとも言いました。つまり「**機能を設計する＝コンピュータの行う仕事を定める**」、すなわち「**プロセス設計**」ということになるのです。

■プロセス設計の要点

では、プロセス設計、つまり仕事を設計する要点は何でしょうか。大きく2つあります。

・ゴールから逆算して必要なことを考えること
・段階的に詳細化すること

です。これを言い換えると「**モジュール化を行う**」ということになります。モジュールとは、より大きな組織・機構を実現するための個別に独立した機能を有する構成要素のことであり、要するに部品です。

■ **モジュールを小分けにする**

今の時点では、IFDAM図の上に「このUIとこのUIの間に、こんなことをする1つのモジュールを用意してね」という要件が書かれている状態です。この1つのモジュールを小分けして個別の部品にしていき、それを受け持つ担当の層を決めていくのが機能設計なのです。

図：1つのモジュールを小分け&層別に割り振りする

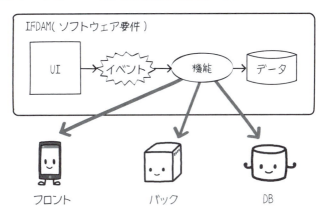

では、どのようにモジュール化を推し進めていけばよいでしょうか。そこで実際の設計に着手する前に理解しておきたいのが、「インターフェース」という考え方です。

モジュールのインターフェース

機能とはコンピュータの仕事だと言いました。では、仕事とは何なのか。誰かの期待・依頼に応えるために成果を出すための活動を行うことです。つまり、誰からの期待もされていない・必要とされていない・依頼のない仕事は実行する意味を持ちません。ではその依頼をどのように受けるのか。そして依頼に応えた成果をどのように渡すのか。実はこれらこそがインターフェース（Interface）になります。

■インターフェースとは

インターフェースの代表例は、まさに先ほどまで取り組んでいたUI設計の対象であるユーザインターフェースです。インターフェースはそれだけではありません。企業におけるインターフェースとは、営業やコールセンターなどの顧客に接する部署や、仕入先や取引先に接する購買調達部門などもインターフェースです。就職活動中の学生に接する人事部も企業のインターフェースの1つですし、株主に応対するための経理部門などもインターフェースです。

少し余談になりますが、企業のインターフェースは、従来はアナログ、つまり人間が受け持っていました。それがデジタル化して社員を飛ばして企業活動に外部の人間が直結するという

ビジネスインターフェースの転換こそが、IT 化の本質です。

■**インターフェース定義の必要性**

それはさておき、依頼したい相手に「よろしくね」というふうに投げかけるということは、投げかけられる側からすればそれは「依頼を受け取る＝入力を受け取る」ということになります。つまり依頼を受け取る接面を用意しておかないと、仕事の

コラム 貸借一致の原則と入出力

複式簿記のメカニズムで何度見てもしみじみ感心するのは、貸借一致の原則です。私が売上を得るということは、相手にとって支出が発生するということになる。つまり、誰かの入力はその相手の出力になるということです。

この考え方は工程間のやり取りにも適用できますし、実際に某 ERP パッケージなどは、内部的に工程ごとの勘定科目を設定し、部門間のモノの動きに連動して仕訳を発生させることで管理会計の土台を構成していたりします。ざっくりした見方をすれば、京セラで有名なアメーバ方式も、この貸借一致の原則を取り入れたものだと考えます。

単純にあるモジュールの入出力だけを考えるのではなく、入出力には必ず相手が存在してその相手側と貸借が一致する、すなわちどちらかの出力がもう一方の入力になるのだということを意識して常に物事を見る癖をつけると、系として全体をとらえる眼が養われることでしょう。

依頼を受け取ることができないということです。

　一方で、依頼に応じて無事に仕事を完了してもその成果を渡すことができなければ、依頼に応えたことにはなりません。ですから「成果を届ける＝出力する」ということも必要になります。このときも依頼主（クライアント）に接することになりますから、成果を引き渡すための出力用の接面も用意する必要があります。

　つまり、1つの仕事には、入力と出力の2つの接面が必要になるということです。そしてこの接面と「何をするのか」という仕事の名称の3点セットが揃うことで、依頼に応えて成果を出す仕事を1つ定義できるのです。

図：インターフェース定義

機能名	
入力	出力

　ここで重要なのは、仕事をモジュール、すなわち部品としてみなすとき、このインターフェースの奥で何がどんなふうに行われるのかという具体的な実現手段については、依頼する側はまったく意識しないという点です。とにかく任せる。あとはちゃ

んと結果が返ってくるのを待つ。それだけです。逆に言うと、依頼主に無用の心配をさせる、すなわち具体的な実現手段まで意識させるようでは、それはモジュール／部品として不完全であると言えるのです。

よって機能設計を行うとはモジュール化を推進することであり、モジュール化とはまずインターフェースを定義して、それから内部の具体的な実現手段を定めるということになるのです。

図：機能設計の手順

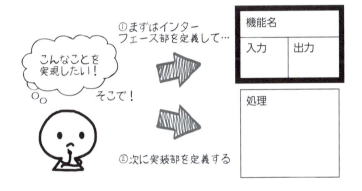

CHAPTER 11

フロント層 モジュールのインターフェースを定義する

モジュール分割を進める方法

さて、このようにモジュールにはインターフェース定義が必要だということを理解したとして、ではどうやって１つのモジュールを小分けしていけばよいのでしょうか。

■順接、分岐、反復

小分けする対象は「具体的な実現手段、すなわち実装」です。ですから、大きなモジュールの具体的な実装を考えないと小分けにできないということになります。しかしいきなり詳細を考えると、頭の中が混乱して収拾がつきません。そこで構造化プログラミングの知見を利用します。

ソフトウェアが行う仕事の手順、すなわちアルゴリズムは突き詰めると次の３つの制御構造の組み合わせで実現できるとされています。

- 順接（Concatenation）
- 分岐（Selection）
- 反復（Repeatation）

この３つに加えて**段階的詳細化**という手法を合わせると、非常にすっきりとした形でモジュール分割を進めていくことがで

きるようになります。

　順接とは、一方向に並べた処理を順番に行っていくものです。逐次処理と呼ばれることもあります。

図：順接

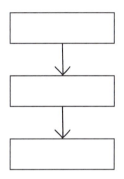

　分岐とは、ある条件で判定した結果、次の処理が選択されるというものです。

図：分岐

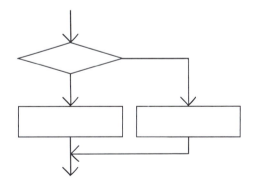

そして反復とは、ある条件を満たすまで同じ処理を繰り返すというものです。

図：反復

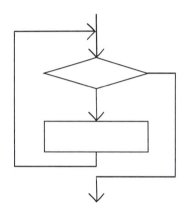

■段階的詳細化

これら3つを組み合わせることで、コンピュータの仕事の流れはすべて表現できるとされています。しかし、いくらこの3つを組み合わせればよいとはいえ、細かい手順を延々と書き連ねていくとわかりづらいのも事実です。

そこで適当な量で手順を括って1つのグループにし、そのグループを呼び出すということを行うことで見通しを良くする方法があります。これが段階的詳細化です。

図：段階的詳細化

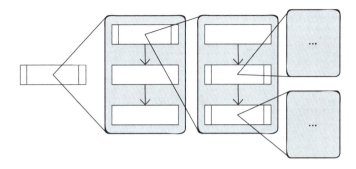

■モジュール定義の手順

　これらを組み合わせることで実装を小分けにして、それぞれのモジュールを定義していきます。では順番に手順を追いかけてみましょう。

　まずIFDAM図の中から設計したい機能を「1つ」選びます。このときに他の機能のことはいったん脇に置いて考えないようにします。

図：IFDAM 図から機能を1つ選ぶ

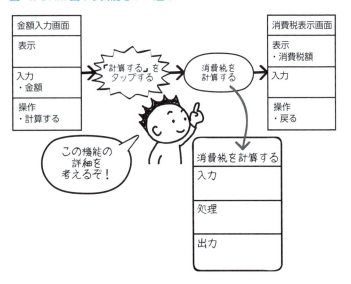

そしてこの機能のインターフェースを定義します。具体的には、「機能名」「入力」「出力」の3つを決めます。

機能名を決める

まずは機能名を定義します。

■動詞と目的語を明確にする

機能名というと「○○処理」とか「○○機能」のような名詞にしがちですが、そうではなくて「○○を△△する」というような「何をどうする」という動詞主体の言葉で表すようにしてください。要するに、英文法で習う基本文型のSVO（Subject、

Verb、Object）型を意識することです。この場合のS、つまり主語はコンピュータになるので省略するとして、**VO、つまり動詞と目的語を明確にする**ようにしてください。

また、「5歳の子どもでもわかる表現にする」ことを意識してくださいと、いつもお伝えしています。コンピュータに仕事をさせるには、ソースコードという形の職務記述書によって一から百までやるべきことをコンピュータに教えなければなりません。つまり、コンピュータをしつけないといけないのです。しかし、コンピュータは犬や猫よりも気が利きません。ですから誤解のないようにわかりやすくして伝えてあげる必要があります。それが「5歳の子どもでも」の意味するところです。

誤解のない明快な表現をするために、VO表現を徹底する以外にも気をつけたいことがいくつかあります。

・きちんと語尾まで書く
・受動態ではなく能動態を使う
・否定表現を肯定表現に変更する

です。順番にもう少し詳しく見ていきます。

■**きちんと語尾まで書く**

まず「きちんと語尾まで書く」というのは、次のようなことです。

・「申請承認」ではなく「申請を承認する」と表現する
・「商品登録」ではなく「商品を登録する」と表現する

- 「入力チェック」ではなく「入力値をチェックする」と表現する
- 「夜間バッチ」ではなく「夜間バッチ処理を実行する」と表現する

いかがでしょうか。たとえば「申請承認」の例では、元の「申請承認」は何となくわかったつもりになれますし、これ以上突っ込む気持ちになることもありません。しかし、これを「申請を承認する」という表現に変えた途端に、「申請って何の申請なの？」「承認するって申請の何についてどういうふうに承認をするの？」などのように、急に具体的に考えたくなります。これは「申請承認」が名詞、つまり何らかの存在するモノを表現しているように感じられる一方で、「申請を承認する」は動詞＋目的語となり行動を表現するため、実現できないと気持ち悪いという感覚が生じるからです。

このときに、より具体的に考えようとして疑問に突き当たりきちんと表現しきれない場合は、次のような状態であることが大半です。

- **複数の仕事が混ざっていて、一言で表現できない状態である**
- **どのような仕事をすべきなのかが、そもそも明確に定まっていない**

複数の仕事が混ざっている場合は、面倒でも丁寧に分けましょう。そうすると、IFDAM図の機能は次のようになります。ただしこれは、詳細化したものを並べるわけではありません。詳細化については後ほど説明します。

図：1つの画面遷移上に複数の機能が存在するIFDAM図

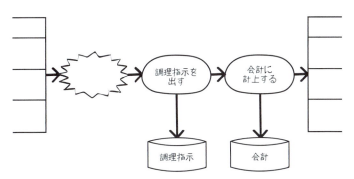

■受動態ではなく能動態を使う

「受動態ではなく能動態を使う」というのは、受け身の表現をできるだけ排除するということです。「計算ボタンがクリックされたら、消費税を計算する」ではなく、「ユーザが計算ボタンをクリックしたら、消費税を計算する」のようにします。主語が曖昧になりやすい状態で受動態を多用していると、日本語としては意味が通じても、いざそれを実装しようとするとはたと困るケースが意外と多く見られます。

たとえば「申請が承認されたら、連絡メールを送信する」というのは、この言葉だけを読むとそれっぽいのですが、「申請が承認される」とは具体的に何がどうされたときなのかというと、結構わからないことが多いのです。この場合は、「『申請を承認する』処理を実行したら、連絡メールを送信する」に置き換えることができます。そうすると、「申請を承認する」→「連絡メールを送信する」という2つの処理を連続（つまり順接）で

実行すると、さらに整理できます。こうなると誤解なく実装まで持っていくことができます。受動態は「それっぽくなる」という点において、意外と危険な言葉遣いなので要注意です。

■否定表現を肯定表現に変更する

受動態の話と同じ理由で、否定表現の利用も避けるべきです。「立たないでください」ではなく、「座ってください」のように肯定表現に置き換えることを意識しましょう。否定表現の利用も日常的によく使われています。たとえば「平日でなければ、日次締め処理はしない」のような言い回しです。これは一見、「平日であれば、日次締め処理をする」と言っているように感じられます。しかし次のような表にしてみると、実は必ずしもそうとは限らないことがわかります。

図：否定表現のマトリックス

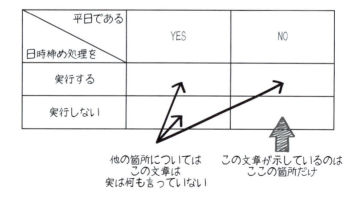

この表を見ると、平日であっても日次締め処理をしない可能性がありますし、同様に平日でなくても日次締め処理をする可能性もあることが見て取れます。つまり「平日でなければ、日次締め処理はしない」という言葉が示しているのは、まさに「平日でなければ、日次締め処理はしない」ということだけであって、それ以外のことについては何も言っていないのです。

ここでさらに問題になるのは、ではその「平日でなければ、日次締め処理はしない」という言葉を実装に置き換えるとどうなるか、ということです。次のようなコードになります。

図：コード例

「実行しない」という処理を実行する、というのは、ソースコードで書き表すことができません。ですから、「日次締め処理をしない」ということを表すには「コードに書かない」ということになります。しかし、それではうっかりと書き忘れた結果コードに書いていないのか、意図的に書いていないのかを検知

することができません。バグのせいで実行されないのか仕様どおりに実行されないのかを確認するすべがないということです。これではテストができません。つまり品質の担保ができないということです。

このように否定表現もまた「日本語としてはもっともらしくて、わかったつもりになりやすい」という点において、実は何も決まっていないという状態を覆い隠すのに便利な表現であるのだということに注意して、その覆いをはぎとるために肯定表現に置き換えるということをぜひ行ってください。

このような点に注意して「何をどうする」というVOを意識した機能名を付けたら、次は「入力」と「出力」の定義を行いましょう。

コラム オフショアで炎上する理由

内製回帰の気運の高まりなどから一時期ほどではなくなりましたが、それでも開発コストの低減を目的としたオフショア開発というのは特に大規模プロジェクトにおいて多用されています。それらのプロジェクトで問題となるのが、「オフショア先が要件・仕様をきちんと理解してくれない」というものです。

そこでまずは業務知識などを習得させなければならないのではないか、などの話が出てきたりもするのですが、はっきり言ってそれは的外れです。問題の原因のほとんどは、「日本語の時点ですでに意味

不明なものになっている」ことです。そのような問題が起こっているプロジェクトに招かれて仕様書を拝見すると、間違いなく言語明瞭意味不明瞭な文書類の山となっています。日本人である私が一読して何が言いたいのか把握できないのですから、これを直訳しても当然より一層理解しづらい文書になるのは必然です。

しかたがないので、その文書類を丁寧に順番に箇条書きにしていきます。前述のとおり「VO 形式・語尾を明確に・能動態・肯定表現」にして書き直していくと、不明点がどんどん浮き彫りになります。その不明点を質問していくと、びっくりするくらいに何も決まっていないことが明確になります。つまり「オフショア先が要件・仕様をきちんと理解してくれない」のではなくて、そもそも「要件・仕様をきちんと定義していない」のです。

仕様書を書くのが仕事ではありません。仕様を定義するのが仕事であり、定義された仕様が明記された書類を仕様書と呼ぶのです。大人ぶった言葉遣いを羅列しているだけで、後工程で役に立たない書類を山のように作って仕事をしたつもり・ふりをしても、それは単にゴミを生産しているだけです。オフショア開発先が業務知識をつけなければならないのであれば、むしろ業務知識を持つ人間に開発能力をつけさせるほうが自社の将来のためになることでしょう。

たいていの場合、何か問題が起こったら、その前工程の成果が原因であると疑うほうが賢明であり、外注できるだけの発注能力があるのかを省みるほうがよいでしょう。そしてその能力というのは、たかだか言葉遣い 1 つだったりするものなのです。

入出力を定義する

モジュールのインターフェース定義を行うために、まず「何をどうする」という形で機能名を定めました。これは仕事にお

ける活動に当たります。そこで今度は成果と材料に相当する出力と入力の定義を行います。

■**どのようなデータを受け渡すのか**
　コンピュータの仕事というのは、つまるところ EDP（Electric Data Processing、電子データ処理）です。そして、IT の I はインフォメーション、つまり情報であり、その土台はデータです。我々人間が生きている物質アナログ界の現物をそのまま放り込むことは不可能です。ですから UI を通じてデジタルの電子データに変換して、コンピュータにこちらの意図を伝達します。成果も同様で、コンピュータが仕事を行った成果はあくまでも電子データですので、それを UI を通じて人間が認識できる形（映像や音声など）に変換してもらうことで、人間側がコンピュータによる成果を受け取ることができます。

　一方、コンピュータの内部的なモジュール同士は、当然ながらわざわざアナログにする必要がないので、直接電子データでやり取りします。つまり、モジュール化を推進するためのインターフェース定義において入出力を定めるというのは、どんなデータを受け渡しするのかを決めることになるのです。ですから、インターフェース定義だ入出力定義だ、などと特段に構える必要もなくて、「こんなデータを出力してほしい」「こんなデータを渡さないといけないなぁ」ということを考えていけばよいだけと言えます。

■保険料計算モジュールの例

たとえば「保険料を計算する」というモジュールを考えるとして、このモジュールの行う仕事は一目瞭然で「保険料を計算する」です。出力される成果は何かというと、計算された結果の「保険料」になります。モジュールを使う側としては、どのような計算をするのかというのはどうでもよくて、この「保険料」をきちんと届けてくれればOKということです。

では、その保険料を計算するときに必要な材料は何か。それを考えたときに、呼び出し元・依頼側から材料として渡してもらわないといけないデータが入力項目になります。それがたとえば「性別」と「年齢」であるなら、それらを漏らさずに受け取る必要があるので、インターフェース定義としては次のようになります。

図:「保険料を計算する」モジュールのインターフェース定義

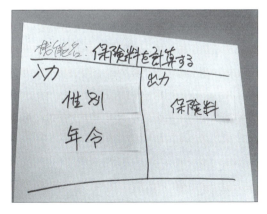

これでインターフェース定義はできあがりです。しかし、この入出力のデータについてもう一工夫してあげることで、より明瞭で開発や保守のしやすい状態にすることができます。それがデータ型の定義です。

データ型を定義する

たとえば、先ほどの「保険料を計算する」というモジュールの場合、その入力データとして「性別」と「年齢」の2つの項目が定義されていました。項目が2つだけなので、特段ややこしく感じたりすることはないでしょう。しかし、これが「家族構成も必要だ」「過去の病歴も必要だ」などといろいろな項目を必要とするようになると、それらを毎回漏れなくきちんと書くのも大変ですし、ケアレスミスの温床となります。

そこで、これらの必要な項目を1つに束ねて名前を付けてあげます。これが「データ型」です。型はタイプと呼んだりもします。データ型といっても特別難しいことを考える必要はありません。必要なデータ項目をまとめるだけです。たとえば、「年齢」「性別」「家族構成」「過去の病歴」の4つを合わせて「保険料審査情報」などとしてあげるだけです。こうすると、先ほどの「保険料を計算する」モジュールのインターフェース定義は次のようになります。

CHAPTER 11 : フロント層 モジュールのインターフェースを定義する

図：保険料審査情報を入力にした「保険料を計算する」モジュールのインターフェース定義

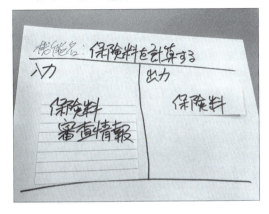

このようにしておくと、もし「保険料審査情報」の項目に変更があっても、モジュールのインターフェース定義自体は変更せずに済みます。なぜなら、「保険料審査情報を入力にする」ということ自体が変わるわけではないからです。

実際のプログラミングに際しては、このデータ型は構造体やクラス定義などで実現されます。そして、各種のチェック機能（エディタの入力補完やコンパイラの型チェックなど）によって、不一致などの検出を機械的に行われるようにすることができます。これによって、開発や保守の容易性を向上させることができるのです。

ここまででインターフェース定義が完了しました。ではいよいよモジュールの本体部分、すなわち実装の定義を考えていきましょう。

コラム　小人くんと伝票モデル

　私はよく、「コンピュータくん」とか「サーバくん」とか「UIくん」「モジュールくん」などと「くん」付けで話をします。つまり擬人化です。小人くんをイメージしています。実は、たとえば目玉焼きハウスで顧客がホール係に注文するのと、ソフトウェアシステムの内部でモジュールが別のモジュールに依頼するのは、本質的に同じことです。

図：メッセージパッシングの例

　これらは、2人の登場人物の間でメッセージがパスされることでやり取りが行われます。いわゆるメッセージパッシングです。

このメッセージは人間同士だと口頭が普通だったりしますが、間違いのないように一工夫して、何らかの紙に書いて渡します。すると、この場合、メッセージは物理的に明記されたものになります。これが一般的には伝票、つまり伝達のための用紙（票＝用紙。一票の票）ということになります。

この伝票が電子化されてモジュールくんという小人くんたちの間を受け渡しされているのだとイメージすれば、会社の中の組織構造を考えるのとシステムの中のモジュールを構造化するのは、本質的に同じであることが理解できます。

データ型を定義するというのは、実はこのモジュールくんたちの間を受け渡しされる伝票のフォーマットを決めることに他ならない

のです。

　また昨今では音声入力というテーマがクローズアップされていますが、これも口頭だったものを紙の伝票に書く代わりにいきなりデジタル伝票にしてモジュールくんに渡すようなものです。

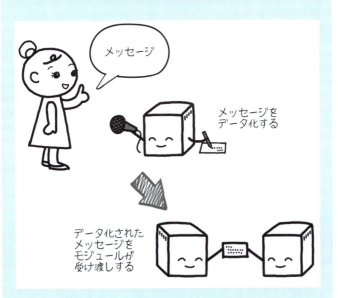

　このように考えていけばわかるように、ITとは突き詰めればこのメッセージ＝伝票の受け渡しを最大限に効率化することなのです。

　そして実はモジュールくんという擬人化は、アクターモデルによる非同期協調分散処理につながっていき、そしてAIくんやセンサーくんたちなどの出番につながっていくのですが、それはまた別の機会にお話しします。

CHAPTER 12

フロント層 モジュールの実装を定義する

モジュールの実装を考える

ここまでは、まずIFDAM図から機能を1つ選び出し、それを1つの大きなモジュールと見立ててインターフェースの定義を行いました。ここからはいよいよモジュールの実装部分を考えていきます。

この作業の中でモジュール自体を小分けにしていくという作業も出てきます。少し先回りしてお伝えしておくと、小分けにする過程でバック層へ依頼するものが出てきたりします。ですので、今はフロント層の機能についての設計をするというお話をしているわけですが、この話の流れの延長でバック層の機能設計に続いていくことになります。とはいえ、モジュールを考えるという点においてはフロント層もバック層もまったく同じですので、どんどん進んでいきましょう。

実装定義の手順

実装を定義するには何をどうすればよいでしょうか。大まかには次の手順を繰り返します。

図：モジュール実装の手順フローチャート

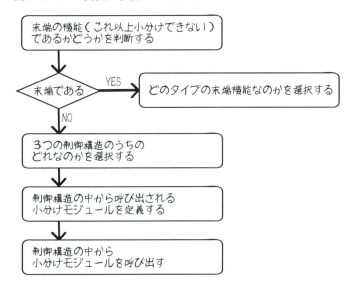

末端の機能かどうか

　というわけで、まず最初に「末端の機能かどうか」ということを判断しなければなりません。では末端の機能とは何でしょうか。具体的には次のものです。

- リクエスト／レスポンス（別のサービスに依頼して結果を受け取る）
- デリベーション（導出・加工・変換・計算）
- 判定（Boolean）
- バリデーション（エラーメッセージ付き）

- DBからのデータ取得（SELECT）
- DBへのデータ保存（INSERT/UPDATE/DELETE）
- その他（メール送信や他サーバ連携、通知処理など）

それぞれについてもう少し詳しく見ていきましょう。

■ **リクエスト／レスポンス**

リクエスト／レスポンスは、他のマシン上にあるサービスをリモート呼び出しする場合のものです。フロント層にとってはバック層の呼び出しで頻繁に出てくる末端機能になります。

昨今のWebベース（HTTP利用）のシステムの場合は非同期呼び出しになることが多いため、実際にソースコードを書く場合はコールバックなどを意識する必要がありますが、今の時点ではまず「依頼（リクエスト）として何を送信するのか」「呼び出すのはどのサービスか」「どのようなデータが返信されてくるのか」をしっかり定めることを意識しましょう。

図：リクエスト／レスポンス

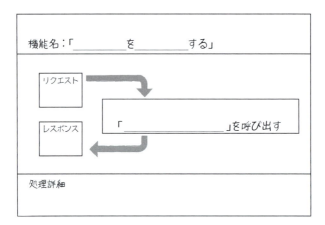

コラム 順接と非同期処理

　一般的なプログラミング言語を習得すると、順接は「書いた処理を書いた順番に実行する」ものだと理解します。ところが Web プログラミングにおいてはそうとは限りません。不慣れな頃は、サーバにリクエストを投げると、サーバからのレスポンスが戻ってきておらずその処理が終わっていないのに、次の処理が実行されて面食らうということがあります。これに対処するためにコールバックという処理の書き方を習得することになります。この手の処理は一般に非同期処理（Asynchronous）と呼ばれます。

　今後、さまざまなデバイスが散在するシステムがますます増えていきます。いわゆる超分散系のシステムです。そうするとその構成要素間の連携は基本的に非同期で行われます。ですから機能設計を担

当する人は、これからの時代における順接とは「前の処理が終わったら次の処理を実行する」という暗黙の分岐があるのだ、くらいに考えて、非同期／コールバックが基本として考える準備が必要なのではないかと感じたりします。

図：順接における暗黙の分岐

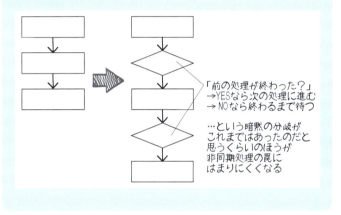

■デリベーション

デリベーションはデータの加工を行う機能です。複雑な計算を行うような場合はこの末端機能を使うことにして、計算式などをしっかりと定めるようにしましょう。

図：デリベーション

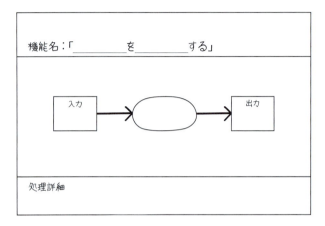

■**判定**

　判定は分岐処理の一種ですが、処理の流れを制御する（後述します）のではなくて、ある条件を満たしているかの真偽を判断するものです。ですから、答えが Yes/No あるいは True/False のようなブール値（Boolean）となります。

図：判定

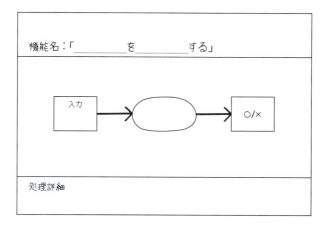

コラム 判定機能とビジネスルールとAIと

　AIは人工知能と訳されるせいもあって、ものすごく期待されている技術要素です。そして非ITな一般の方々からは、ともすれば「とにかくAIを使えば良いことが起こる」くらいに見えがちのようです。しかし、AIは煎じ詰めれば「判定処理」を行うものであり、要するに分岐処理の集合体です。

　複雑な分岐をどのように簡便に扱えるようにするかということについては、AIだけでなくさまざまな取り組みがなされてきました。たとえばデシジョンテーブルというものは70年代には提唱されていましたし、今でも十分に活用できるものです。ワークフローエンジンやルールエンジン、レコメンデーションエンジンなどの技術も、それぞれ20年前後の知見が積み重ねられています。

　一方で、これらの技術はいずれもまだまだ普及し切ったとは言い難いレベルに留まっています。「AIを導入しよう！」となったときに実はちゃんとした機械学習によるAIではなくても、ルールエンジンやBPM（Business Process Management）エンジンを使うだけでものすごい効果を得られたり、下手するとちゃんと要件を整理すると単なるIF文の組み合わせをコードで書くだけで十分だったりする可能性もあります。

　幸いなことに、AIという言葉と対になる形で「機械学習」「深層学習」「強化学習」などのように学習という言葉に対して受容度が高くなっているように見受けられます。ですので、「AIくんに学習させないといけない」という名目で要件とすべきビジネスルールの精査・定義を行い、そのうえで本当にAIという手段が適切なのか、それともオーバースペックなのかについて見極めるようにしたほうが、結果として期待満足度を向上させられると考えます。

■バリデーション

バリデーションは判定の変形版のような機能です。基本的には判定と同じなのですが、正誤を評価してだめだと判定した場合は真偽値の偽を返すだけでなく、何らかのメッセージも合わせて返してやるというものです。なお、メッセージについては前述のエラー画面に表示すべき項目の話を参考にして、そもそもこのバリデーションが必要なのだろうかということを考えてみてください。

図：バリデーション

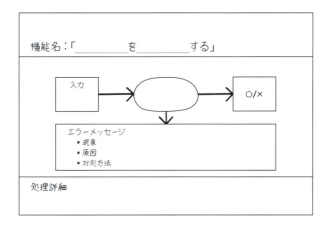

コラム バリデーションと項目定義

　項目に対する入力チェックなどの定義は、入出力項目定義書などに記載されていることが大半です。フロントエンドのフレームワークなどが用意している一般的なバリデータで実現できる範囲であれば、プロパティ設定など項目定義の延長で指定すれば OK なのですが、実際にはチェックするという「処理」を実行する必要が生じることも多々あります。

　そうすると、ある項目チェックはフレームワークのバリデータで行えそうだから項目定義書に記載して、別のチェックは複雑な処理が必要なので別途機能定義として記載している、というふうに同一 UI 上のチェックについてあちこちにとっ散らかってしまっているケースが散見されます。そうすると、見落としのリスクが一気に高まります。

　仕様書を書いた側からすれば「ちゃんと書いているのを見落とすのが悪い」ということになるのでしょうけれど、実際に膨大な量の開発をしている状態だと「ここさえ見ればよい」という状態になっていてほしいのは人情ですし、そうなっていないのは作業上の大きなストレスになり現実に品質問題に直結します。

　そのような実務上の兼ね合いもあって、本書ではバリデーションを処理として扱うというふうに一本化することで、あちこちに気を配らなくてもよいようにするという方針をとっています。気配りとは実は大いなるコストなのです。

■ DB からのデータ取得

　DB からのデータ取得の「DB」とは、データベースです。要するに、RDBMS における SELECT を実行する機能ということ

です。昨今では RDBMS 以外のデータベースを利用することもありますから必ずしも SQL における SELECT 文とは限りませんが、データベースに対する問い合わせを行う機能だととらえれば大丈夫です。入力は検索条件、出力は検索結果になるのが通例です。

図：DB からのデータ取得

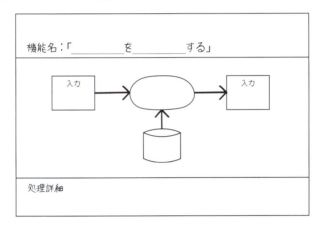

■ DB へのデータ保存

DB へのデータ保存は、データベースへのデータの追加・更新・削除を受け持つ機能です。出力は処理が正常または異常終了したことを示すステータスであることが大半です。ですから省略してもかまいません。

図：DB へのデータ保存

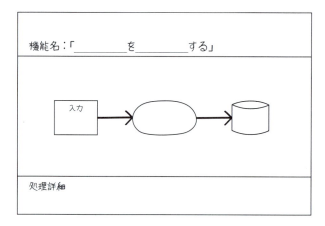

　DB からのデータ取得と DB へのデータ保存の 2 つの機能は、実際にはテーブル設計などが絡んできます。これは後ほど DB 層のところで出てきますので、ここでは説明はひとまず置いておきます。

CHAPTER 12：フロント層 モジュールの実装を定義する

コラム 画面遷移の機能について

　たいていのUIのフレームワークにおいて仕組みが備わっているように、UI関連のコーディングにおいて頻繁に発生するのが画面遷移の処理の記述です。これを楽にするためにフレームワークごとにさまざまな工夫がされていたり、あるいはこの手のルーティングだけを専門に担う軽量フレームワークなども存在します。

　画面遷移の実装方式は、画面間のデータの引き回しなどにも関わってきます。ですので、アーキテクチャを定める際にしっかりと実装方針とサンプルを提示するようにしてください。設計の成果物としては、このUIからあのUIに遷移するということはIFDAM図の矢印を見れば一目瞭然ですが、特にSPAなどの場合は意外と要件上のやりたいことができなかったりすることもあるので、要件定義の初期段階でアーキテクチャ担当から方針の明示をすることを強く推奨します。

CHAPTER 13

フロント層 実装定義をやってみよう

「注文を登録する」モジュールの実装

末端機能について一通り知ったところで、次に1つのモジュールについて実際に実装定義をやってみましょう。まずIFDAM図から1つ機能を選び出します。ここでは「注文を登録する」にしましょう。

図：「注文を登録する」機能のIFDAM図

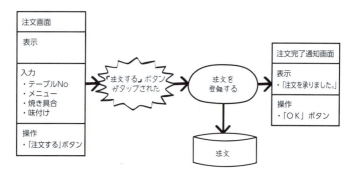

このモジュールのインターフェース定義は次のようにしてみました。

CHAPTER 13：**フロント層** 実装定義をやってみよう

図：「注文を登録する」モジュールのインターフェース定義

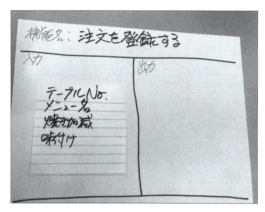

順接、分岐、反復に関する縛り

ではこのモジュールの実装を考えます。まずいきなり末端機能のどれかにすることができるかを考えます。いろいろとやることがありそうですから、いきなり末端というのは無理そうです。そこで構造化プログラミングの3つの構造要素から1つを選んで使ってみます。

ここで、構造要素を1つ選ぶ前に各要素について縛りをかけます。こうすることで実装を考えて判断する速度を向上することができます。具体的には次のようにします。

■ 1. 順接の縛り

- できることは「他のモジュールを呼び出す」だけとする
- 呼び出すことができるモジュールの数は基本的に3つまでとする

- ただし、最大で5つまではOKとする

図：順接カード

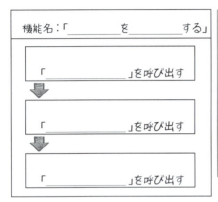

　呼び出せるモジュールの数が3つというのは、「準備処理→主処理→片付け処理」「オープン→メイン→クローズ」のような3部構成を想定しています。ダラダラと長く続けるのではなく、やりたいことがいっぱいある場合は小さなモジュールに小分け＆一括りにしてネスト（階層化）し、わかりやすくすることを意図しています。

■ 2. 分岐の縛り
- 条件は別モジュール（判定の末端機能）の呼び出しのみとする
- 条件による分岐は THEN のみとする
- つまり ELSE は使わない

図：分岐カード

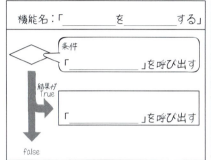 

「ELSEを使わない」とはどういうことかというと、機能名の「否定表現を使わない」に近く、「ELSEの側に進む条件を明示する」ための工夫です。ここでELSEを肯定表現にするための条件定義がきちんと書けないようであれば、おそらくユーザ受け入れテストの際に「ユーザの想定しているものとちょっと違う動作をする」「対応するには予想外に手間がかかる」というバグが発生する可能性が高まります。これに早期に気づくための方策としての縛りです。

図：ELSE を使う場合・使わない場合

```
IF is休日(休日) THEN
    休日処理()
ELSE
    平日処理()
END IF;
```

```
var 休日 := is休日(日付);

IF 休日 THEN
    休日処理()
END IF;

IF not 休日 THEN
    平日処理()
END IF;
```

このようにすることで「休日とは？」という条件に対して
より一層きちんと考えられるようになる
端的に言えば「休日と平日は本当に排他的な関係か？」
ということに敏感になれる

このような重なりが
あるのかないのか？

コラム 2種類の分岐

　ソフトウェア開発の一番の華であり、一番のトラブル源が分岐です。前述のとおり AI も突き詰めれば分岐の塊です。

　この分岐には実は2種類あります。1つは「判定」です。もう1つはまさに「分岐」です。

　「判定」とは、「ボブはネコ好きである。Yes か No か？」というようなものです。いわゆるマルバツゲームのようなもので、真偽値、つまり True または False のいずれかを得るために行う処理です。

図：判定

　もう1つの「分岐」は、その先の道筋を切り替えるものです。「ネコ好きはこちらへ進んでください。それ以外はあちらに進んでください」というようなものです。

図：ルートの分岐

この 2 つは混在して使われがちです。たとえば次のようになります。

図：混在した分岐

```
人 := ボブ；
if 人 = ネコ好き then
  こちらに進む
else
  あちらに進む
endif;
```

しかしこれだと、IF 文の条件に変更があっても触るのが怖くなります。これは「ネコ好きかどうかを判定する」処理と「ネコ好きかどうかで次の道筋を切り替える」処理が混在しているからです。そこでこれを次のように分離してみます。

図：分離した分岐

```
function is ネコ好き ( 人 ){
  if 人 = ネコ好き then
    return True
  else
    return False
  endif;
}

判定結果 := is ネコ好き ( ボブ );

if 判定結果 = True then
  こちらに進む
else
  あちらに進む
endif;
```

こうしておくと、ネコ好きかどうかの判定条件が複雑になろうとどうしようと、その判定処理と判定結果に伴う次の処理への流れの制御は別個のものとして安心していられます。

これはプログラミングのコーディングスタイルとしては冗長だと

されがちですが、今後 AI を組み込んでいくとなると判定部分を AI に任せ、その結果に基づいて処理の流れを切り替えるというふうになっていくとすれば、自ずとこの2種類の分岐は峻別していくことになるでしょう。

■ 3. 反復の縛り
・ループ内で実行するのは別モジュールの呼び出しのみとする

反復、すなわちループ処理については、実際にソースコードを書くときの手間などを考えるとどうしてもフラットにベタッと処理を並べ連ねたくなります。しかしそうすると、やりたいことを明確化する際にループを回すほうに気を取られて、あるいはループで回すデータの集合（リストやイテレータなど）に意識が向きすぎて、何をどうしたいのかということが意外と疎かになりがちです。そこで縛りとして実行できるのは別モジュールの呼び出しのみとすることで、ループの中でやりたいこととループを回すということを切り離して考えられるようにします。

モジュールの第1階層

このように縛りをかけた3つの構造要素の中から1つを選びます。ではどれを選んだらよいでしょうか。いきなり拍子抜けするような話で恐縮ですが、フロント層はもう機械的に順接を最初は選んでしまいます。そして、3つの呼び出しモジュール

として「入力値をチェックする」「サーバを呼び出す」「次UIへの出力に必要なことをする」というふうにテンプレート化しておきます。これによって、まずIFDAM図上の1つの大きなモジュールが3つに小分けされたことになります。

図：モジュールの第1階層

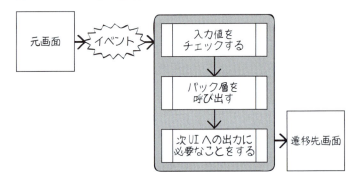

そして今度はこの3つのモジュールをそれぞれ掘り下げます。

■ 「入力値をチェックする」モジュール

まず「入力値をチェックする」モジュールは分岐構造を選びます。そして、条件判定のモジュールとして「注文データの不正を見つける」を用意します。この条件判定で真偽値の真つまりYes（あるいはTrue）が返ってくるということは、THENのときに行うべき処理は「エラー画面を表示する」になります。そこで、「エラー画面を表示する」というモジュールを用意するのと同時に、IFDAM図にエラー画面のUIへの遷移を追加します。

図：「入力値をチェックする」の階層構造

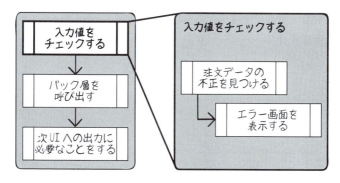

図：IFDAM 図へのエラー画面追加

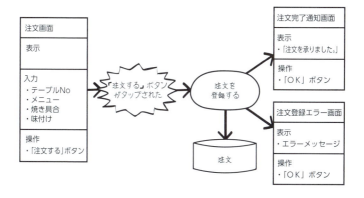

■ 「サーバを呼び出す」モジュール

　大本の3つのモジュールの2つめは、「サーバを呼び出す」です。このモジュールも小分けしましょう。具体的には順接を選びます。そして、「送信するデータを用意する」「バック層の『注文を登録する』を呼び出す」の2つのモジュール呼び出しを行

うことにします。順接には基本的にモジュール呼び出しを3つまでとするという縛りを設定していますが、常に3つをフルに使う必要はないことに留意してください。

図：「サーバを呼び出す」の階層構造

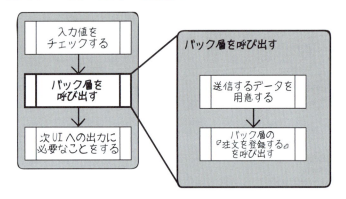

■ 「次 UI への出力に必要なことをする」モジュール

そして、最後は「次 UI への出力に必要なことをする」になります。このモジュールも同様に掘り下げていきます。

バック層の機能設計へ

あとはそれぞれをさらに個別にどんどん掘り下げていって、末端に到達すればよいわけですが、ここで重要なのは「まず正常系をしっかり描き切る」ということです。入力値チェックから始まったりすると、ともすれば先にこのモジュールをやり切りたくなりますが、入力値にエラーがあるというのは例外系です。エラーがないのが正常系の本流・レギュラー処理です。こ

の本筋をしっかりと一本柱として建てないうちから、あれこれと枝葉の例外ばかり頑張ってしまうのは本末転倒です。まずは正常系を1本しっかりと描き切りましょう。

このように正常系を掘り下げようとすると、どうしてもまず考えなければならないモジュールがあります。そうです。「バック層の『注文を登録する』を呼び出す」です。つまりここから先はバック層の機能設計をしていく必要があるということになるのです。そこでこの勢いのまま引き続きバック層の話に入っていきましょう。

コラム ステートレスという考え方

私はUNIXが大好きです。ですから、UNIXのコマンドとパイプの考え方を非常に強く好みます。そして、UNIXにおけるコマンドの基本的な考え方はいわゆるステートレスです。さらに、実はこの考え方は業務プロセスやCXの設計でも応用できます（マインドステート、心の状態遷移という話はまた別のこととして、いわゆる行動設計の領域においてです）。またスケーラビリティという観点からも、ステートレスは好ましいものとされます。ですから、本書のモジュール化の基本的な考え方もステートレスを想定しています。賛否いろいろとあるでしょうが、私は仕事というのは人間系もモジュールであっても、やるべきことに注力して終わったらきれいさっぱり忘れるというのがシンプルでわかりやすいと考えています。

CHAPTER 14

バック層 バック層を設計する

バック層とは何か

　バック層とは何でしょうか。フロント層はシステムの代表としてユーザに接する役割でした。いわば飲食店で接客を担当するホール係さんに相当します。それに対してバック層はいわばキッチン係・厨房さんです。フロント層が引き受けた依頼に応えるのをサポートして、さまざまな処理を組み合わせたりDB層とやり取りしたりなども行います。

　ですから、フロント層の設計ではUIと機能を考え、後述するDB層ではデータベースと機能を設計するのに対して、バック層はほぼ機能設計のみになります。その代わりさまざまな処理を引き受けることになったり、あるいはさまざまな他のサービスとの連携を行ったりすることになります。

　というわけで、バック層の設計はフロント層の機能設計の延長であり、その意味では説明は終わっていると言えなくもないのです。とはいえ考えなければならないことがいろいろとありますので、バック層ならではの話について見ていきます。

フロントに呼び出されるモジュールを定義する

　フロント層では、利用者すなわちユーザに対して接する面、つまりUIから設計を開始しました。バック層にとっての利用者とは誰でしょうか。そう、フロント層です。先ほどフロント層

では「バック層の『注文を登録する』を呼び出す」という機能を定義していました。つまり、バック層には呼び出されるための「注文を登録する」というモジュールを用意してあげなければいけないということです。

■「注文を登録する」モジュールのインターフェース定義

そこでフロント層と同じようにモジュールのインターフェースを定義しましょう。

図：バック層の「注文を登録する」モジュールと、そのインターフェース定義

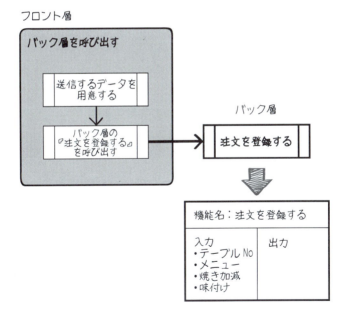

コラム　API層とかサービス層とか

　お気づきかと思いますが、これはまさに API の定義です。API エコノミーなどという言葉もありますが、今後ビジネスのデジタル化が進むほど、自社の提供するサービス価値とは API で表現するものになっていくことでしょう。本書ではバック層と呼んでいますが、実際にはサービス層と呼ばれるケースが大多数です。にもかかわらず、本書でサービス層と言わずにバック層としているのは、サービス層という言葉の定義がまだ曖昧だからなのですが、1 つ言えることはこの層の設計が今後の自社のビジネス価値の根幹となっていくということです。ですので、その橋頭堡（事に着手するための足がかり）として、まずはフロント層を顧客と見立てて提供するサービスを API として考えることは非常に意義深いことなのです。

■「注文を登録する」モジュールの実装定義

　モジュールのインターフェース定義ができたら、今度は実装定義です。実装定義のフローに従うとまだまだ末端にはなりそうにありません。これもテンプレート化している面があって、順接を選択して「入力値をチェックする」「メイン処理をする」「レスポンスを出力する」という 3 つのモジュールに小分けしてしまいます。もちろん、それぞれのモジュール名は適宜変更してもらってかまいません。

　「入力値をチェックする」モジュールについては、フロント層と基本的に同じです。「レスポンスを出力する」は、フロント層の呼び出し側が期待しているものを返すということでよいで

しょう。ここで話題にしたいのは「メイン処理をする」です。

「注文を登録する」モジュールの中の「メイン処理をする」とはどういうことでしょうか。それはやはり「受け取った注文データを失わないようにしっかりとどこかに保管する」ということでしょう。では、どこに保管するのでしょうか。そうです。データベースです。ではデータベースを扱うのは誰の役割でしょうか。DB層です。今回で言えば末端機能の中の「DBへのデータ保存」をDB層が実行することになります。

そこで今度はこのままDB層の話に進みましょう……と、ちょっと待ってください。バック層ってたったこれだけなんでしょうか。もしこれだけなのであれば、フロント層とDB層が直接やり取りすればよいのではないでしょうか。はい、実はそのとおりなのです。実際にそのような2層構造のアーキテクチャが存在します。それがクライアントサーバ型と呼ばれるものです。ならばどうしてわざわざ中間層を配置するのでしょうか。ここで少し寄り道をして、バック層がもたらす可能性について少し触れておきます。

▌バック層の存在意義

いささか思い出話になってしまいますが、少々おつきあいください。

■メインフレーム時代

かつてシステムといえば汎用機あるいはメインフレームと呼ばれるものがドンと存在して、現場で発生した伝票をもとにパ

ンチャーと呼ばれる職能の人がデータを打ち込み、それをオペレータと呼ばれる人たちがこのメインフレームコンピュータに読み込ませて処理していました。1950年代から80年代にかけてのことです。この頃はコンピュータに直接触れる人は限定されており、コンピュータの仕事とはまさに電子計算機の名のとおり打ち込まれたデータの集計処理とそのレポート（帳票）印刷が中心でした。

図：メインフレーム時代

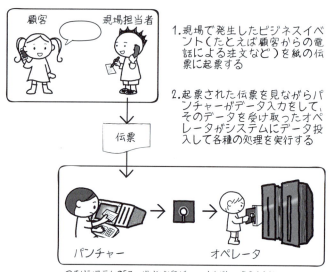

つまりシステムの「ユーザ」とはパンチャーやオペレータのような「コンピュータを扱う専門職」のことだった

■**クライアントサーバ時代**

1990年代になると、PCが劇的に安価になったこととWindowsというOSが普及したことで、1人1台のコンピュー

タ利用が可能になりました。しかし、データが共有されないと仕事の効率は上がりません。そこで、ちょうど成長期に入っていた RDBMS を中心に置いてデータをみんなで共有しながら、それぞれのデスク上のコンピュータで仕事をするという業務スタイルが始まりました。これがクライアントサーバ型と呼ばれるアーキテクチャの時代です。

　このとき、発生源入力ということで伝票を手書きで起票してわざわざパンチャーに打って入力してもらうのではなく、各職場の担当者が自分で机の上の PC に入力するようになりました。このため、パンチャーという職能は一気に減少しました。この時期のコンピュータの仕事は単なる集計処理だけでなく、さまざまな事務手続きの効率化にも応用されるようになりました。つまり、社内の情報伝達手段になっていったのです。メールやワークフローシステムと呼ばれるものがデスクワークの中でも大きな比率を占めるようになりました。OA（Office Automation）化の始まりです。

　この頃に流行したのが「BPR（Business Process Reengineering）」です。サイロ化・縦割り化された状態の企業内の各部門・組織を顧客視点に基づくプロセスという観点から横串を刺して整流化し、企業全体のパフォーマンスを最大化しようという考えでした。BPR を実現するために必要不可欠な存在として統合データベースの必要性が唱えられ、これに呼応する形で BPR 推進の駆動源（ドライバ）として ERP（Enterprise Resource Planning）という基幹系統合システムパッケージの導入が流行しました。

図：クライアントサーバ時代

現場で発生したビジネスイベント(たとえば顧客からの電話による注文など)を担当者が直接システムにデータ入力をするいわゆる「発生源入力」が可能になった

システムの「ユーザ」は
デスクワークを行う社内の人間になった

■ Web 時代

　一方、この BPR/ERP ブームと並行する形で、1990 年代半ばにいくつかの技術要素などが重なり合って Web が急速に普及し始めました。企業における Web の活用は、最初は単なるホームページくらいでしかありませんでした。しかし、Amazon を代表とする新しい時代の企業が、Web を活用して顧客に直結する新しいビジネスモデルを実現し、このビジネスモデルが IT（Information Technology）と名付けられて、後に Web にまつわる技術的なこと全般を示す広範な言葉として定着していきました。

　このときに注目されたのが CRM（Customer Relationship Management、顧客関係管理）であり、ワン・トゥ・ワンマーケティングやマスカスタマイゼーションという「個客」への対

応が重視されるようになりました。これに伴って脚光を浴びたのがリコメンデーションシステムや各種のビジネスルールエンジンなどです。

図：Web 時代

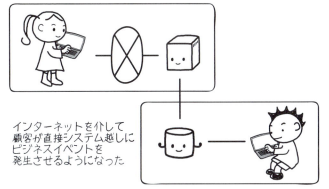

インターネットを介して顧客が直接システム越しにビジネスイベントを発生させるようになった

システムの「ユーザ」は社内だけでなく顧客や取引先など社外の人間にまで拡張された

その後 2000 年代になって、クライアントサーバ型の社内システムは耐用年数との兼ね合いなどから徐々に Web 型に移行していきました。しかし、顧客に接する本来の意味での Web の部分とはセキュリティへの懸念などから分離されたままであり、併存する形でエンプラ系と Web 系などという形で区分けされ続けました。それらは後に SoR（System of Record）／ SoE（System of Engagement）などと呼ばれたりもするようになります。

■モバイル＋クラウド時代

この状況に風穴が空いたのが2000年代後半です。具体的にはリーマンショックによる全世界的な不況と、相前後して一気に普及したスマートフォンとクラウドによるものです。不況はIT投資の合理化を求め、それに応えるには、自社で設備投資をして固定費としてサーバを抱えるよりもクラウド上の仮想サーバに置き換えて、その利用分の費用だけを変動費として支払うほうがTCO（Total Cost of Ownership、所有のための総コスト）の低減に貢献すると目されました。「所有から利用へ」という言葉が現実味を帯びたのもこの時期です。

図：モバイル＋クラウド時代

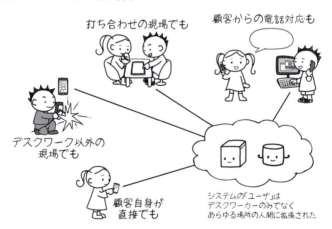

一方で、1人1台のPCが普及したとはいえ、それはデスクトップ上のことでした。つまり、デスクワーカー以外の現場は相変わらずアナログだったのです。ところが、iPhoneが登場し、

さらにそれに続く形でAndroid端末が世に出たことで、スマートフォンと呼ばれる新しいデバイスが一気に普及しました。このスマートフォンの最大の特徴は最初からWebに対応していたことです。つまり、スマートフォンさえ持って（そして回線さえつながって）いれば、いつでもどこでもインターネットに接続できるようになったのです。この結果、コンピュータを使用するのに机に縛られることがなくなりました。

　このモバイルというコンピューティングは、社内システムの在り方にも大きな影響を与えました。外回りの営業マンが即座に社内のシステムにアクセスして、競合他社よりも迅速に対応できるようにしたい。今まで手書きでしかやり取りできなかった現場でも、直接データの授受ができるようにしたい。これらの長年の要望（いくつかはノートPCによって多少は実現していましたが）について安価に実現できる目処が立ったのです。

　そして一方で、スマートフォンを持つ顧客がいつでもどこでも自社のサービスにアクセスできる状態になった、ということを新しいビジネスチャンスとしてとらえた人たちがいました。それらの人たちが2010年代に入るとモバイル＋クラウドを大前提とした新しいビジネスを展開し始めました。それらはデジタルビジネスとも呼ばれ、そのような新しいビジネスをスピーディーにロジカルに立ち上げるためにリーンスタートアップと呼ばれる手法が広まりました。

■ AI＋IoT時代

　そして、気がつけば新しいテクノロジーの波がやってきまし

た。クラウドによって事実上無制限と呼んでも差し支えない膨大なコンピューティングパワーが、その性能から考えるとかつてないほど安価に利用できるようになりました。膨大なビッグデータを高速な CPU で大量に高速処理する。AI の高機能化です。一方でモバイルの普及はスマートフォン端末の大量生産を促進し、超小型でありながら高精度の部品、特にセンサーやカメラなどが、これもまたかつてないほどの低価格で市場に出回るようになりました。これらを組み合わせて Web に対応させれば、簡単にクラウドに接続できます。IoT の実現です。

図：AI ＋ IoT 時代

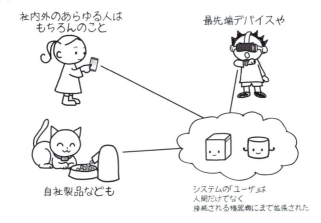

■バック層の役割

そして現代では、これらの技術基盤をもとにいかに自社のビジネスをデジタル化できるかが大きなテーマとなっています。つまり従来の「社内業務の効率化・合理化」ではなく「事業価

値の最大化」が求められているのです。

　そういう時代を見越してすでにさまざまなサービスが提供されています。それらの外部サービスに共通しているのは、「サービスがAPIで提供されている」ということです。ですから今後のシステムというのは、自社の事業価値向上を安価にスピーディーに実現するために、さまざまな外部サービスを積極的に活用していくことが求められます。あるいは、自社の事業価値の一部として自社の何らかのサービスをAPIとして外部に提供していくことも十分にあり得ます。そのときの基盤となるのがバック層なのです。

　単なる社内業務の効率化だけであれば、情報共有の要であるデータベースとそれを利用する社員用の端末の2層で済みました。しかし、今やそのような時代ではないということです。フロント層に対してサービスを提供することを皮切りにして、バック層はさまざまな外部利用者に向けてサービスを提供していく位置付けになっていくでしょう。そして逆に、外部のさまざまなサービスのAPIを呼び出して自社の提供価値をコーディネートしていく役目も担います。バック層とは事業価値をクリエイトしていく土台なのです。

■バック層から見たDB層

　さて、そうするとDB層とは何なのでしょうか。実はDB層はバック層から見ると呼び出す外部サービスの一種にすぎません。DB層とは「自社の情報を一元管理するサービス」なのです。そんなDB層に対して、先ほどのモジュール設計の過程で、

バック層からは「DBへのデータ保管」を行ってほしいというニーズが生じました。それに応えるDB層はどうすればよいのでしょうか。少し寄り道をしましたが、いよいよDB層について見ていきましょう。

[DB層] モジュールのインターフェースを定義する

DB層設計の手順

DB層は「情報の一元管理をするサービス」とみなすことができます。DB層に対する期待に応えるための末端機能、つまりモジュール群と、情報のもととなるデータを保持するための器、つまりテーブル群（RDBMSの場合）から構成されます。

DB層の設計は次の手順で行います。

図：DB設計の手順フロー

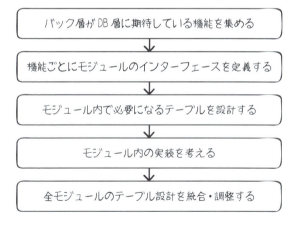

バック層が期待している機能を集める

　順番に見ていきましょう。まず、バック層が期待している機能を集めます。先ほどの例であれば、バック層の「注文を登録する」モジュールを小分けにした「メイン処理をする」の中に「DBへのデータ保管」をするというものがありました。これがDB層への期待です。このような機能を集めていきます。逆に言うと、バック層の機能設計が行われていないと、DB層への期待がはっきりしないので作業を進めづらいことにもなります。

　DB層が担う機能は、次の2つの末端機能です。

- DBからのデータ取得（SELECT）
- DBへのデータ保存（INSERT/UPDATE/DELETE）

コラム　データベースの種類について

　本書ではRDBMSを想定していますが、JSONデータをそのまま格納するようなドキュメント型DBに代表される、いわゆるNoSQL系のデータベースであっても、基本的な考え方は援用可能です。

　データの保存または取得というサービスを提供するモジュールの内側で、どのようにデータを管理するかがDBMSの担う役割ですから、モジュールとしてのインターフェース定義が維持されていれば、RDBMSをNoSQLに変更してもモジュールの利用側には影響はありません。それを踏まえ、利用するDB製品の特性に応じたテーブルあるいはテーブルに相当するデータ構造設計を行えばよいのです。

SQLによる複雑な集計もデータ取得の一環として行います。

機能ごとにモジュールのインターフェースを定義する

次に、期待されていることを末端機能のモジュールとして定義していきます。モジュールですから、まずはインターフェースを定義します。インターフェース定義で定めるのは「機能名」「入力」「出力」の3つです。先ほどの例の場合では次のようになります。

図:「注文データを保存する」モジュールのインターフェース定義

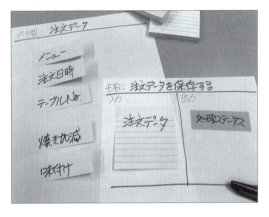

入力は「注文データ」という指定にしていますが、これは「注文データというデータ型を使う」ということです。ですから別途、注文データというデータ型の定義をしてやる必要があります。データ型については前述の説明を再度確認してください。また、出力は処理ステータスを返すようにしていますが、これは実際のアーキテクチャに合わせてください。場合によっては未

記入でも大丈夫です。

データ取得の場合はどのようになるでしょうか。たとえば「商品別注文一覧を取得する」というモジュールを考えてみると、次のようなインターフェース定義になります。

図：「商品別注文一覧を取得する」モジュールのインターフェース定義

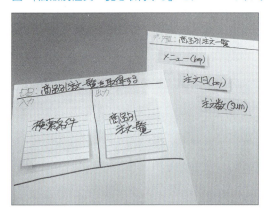

この場合の出力も、データ型を定義することをお勧めします。入力についても、データ型にするほうが一貫性があってわかりやすい半面、細かいものにまで名称を付けていく面倒くささというのも現実にありますので、開発プロジェクトの中でやる・やらないを決めてもらえればと思います。個人的には先々のことを考えると、特に大規模（要件の数やプロジェクトの参画人数がやたら多いという意味での大規模）なプロジェクトの場合は、最初は面倒でも検索条件もデータ型にまとめておくほうがよいように感じています。

インターフェース定義ができたら次は実装定義を行うわけで

すが、DB層特有の作業としてここで先にテーブル設計を行います。

コラム 組織とアーキテクチャとイノベーションのジレンマ

本書における DB 設計を読んで違和感をお持ちになる方も多いでしょう。DB 設計といえばテーブル設計（およびそれに付帯するインデックスなどの物理設計）のことではないのかと思われる方も多いかと思われます。

違和感の最大のポイントは、いわゆる DAO などと呼ばれるデータアクセスに関する機能までを DB 設計に含んでいることでしょう。これらは OR（Object-Relational）マッピングフレームワークなどの領域であって、つまりプログラミング言語の範疇なので DB そのものではないのだから DB 設計の対象外ではないか、ということです。

確かに実装上の物理層で分ければ、DAO は DB 層ではないとみなすほうが自然に感じられるかもしれません。しかしそれは、「言語担当」と「DB 担当」というような開発要員の職能別組織の都合による分離であって、製品アーキテクチャ上の論理的な「依頼と応答」という観点からのモジュール化として考えると、DB の本領を発揮させる役目を担うのは誰か？ というふうに考えるのがむしろ自然だと思います。

このような製品の構成が組織の都合に左右され、結果として製品アーキテクチャが硬直化してしまう現象がいわゆる「イノベーションのジレンマ」です。フロント層の担当者は、利用者への接客を実現するために SPA なら HTML も CSS も JavaScript も使いこなすべきですし、DB 層の担当者もまた、DB の本領を発揮させるために必要なことは全部担うべきです。

現在の組織構造と人員制約にシステムアーキテクチャを合わせるのではなく、今後のビジネスを支えるためのシステムアーキテクチャを実現するために必要な人員スキルを調達する。未来のビジョンからバックキャストして考えるということが大切です。そして、そのシンボリックな例が DB 層のモジュール化という取り組みになるのです。

CHAPTER 16

[DB層] テーブル設計を行う

テーブル設計の手順

テーブル設計は、まずモジュールごとに行います。これによって、まずは期待に応えられる状態を整えます。そして、あとから全体の整理を行います。

テーブル設計の手順は次のようになります。

図：テーブル設計の手順フロー

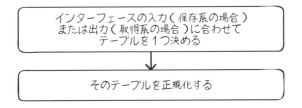

順番に見ていきましょう。

テーブルを決める

まずはインターフェースの入力または出力に合わせて、テーブルを1つ定めてしまいます。

■「注文データを保存する」モジュールのテーブル

先ほどの「注文データを保存する」モジュールの場合は、保存系の処理になるので、入力するデータをそのまま保持するイ

メージで大丈夫です。次のようになります。

図：「注文データを保存する」モジュール内のテーブル（正規化前）

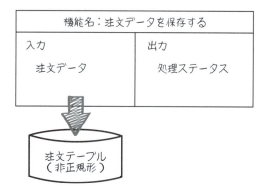

入力されたデータがきちんと保存されていれば、このモジュールは呼び出し側の期待にきちんと応えたことになります。ですから、細かい形はさておいて、まずはちゃんと入力したものが保存できる器を用意します。

■「商品別注文一覧を取得する」モジュールのテーブル

逆に「商品別注文一覧を取得する」モジュールは、出力する商品別注文一覧を持っていないと要求に応えて出力することができません。ですから、出力する必要のあるものをそっくりそのまま保持しておける器をまずは用意してしまいます。ですから、次のようになります。

図:「商品別注文一覧を取得する」モジュール内のテーブル（正規化前）

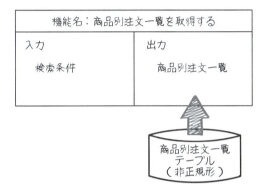

これらのテーブルに対して、順番に正規化という作業を施していきます。

ですから、最初に1つ定めた非正規形のテーブルは仮置きのものであり、最終的には正規化によって分解され、なくなります。

コラム 正規化 vs. バッチ処理

　実はテーブル設計はインターフェース定義に合わせてしまって、正規化などしなくてもよいとも言えます。代わりにデータ連携の内部処理を縦横無尽に走らせてもよいのです。

図:各モジュールのテーブル群の後ろで内部連携処理が動いているイメージ

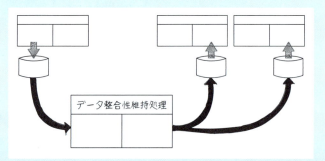

　これは一昔前のいわゆるバッチ処理です。当時はマシン性能のせいで夜間バッチなどとしていましたが、現代であれば非常に高速にほぼリアルタイムと言っても差し支えない程度のタイムラグで処理を完了することも可能ですし、データベーストリガも有効な方法です。
　そもそもリレーショナルデータベースが誕生した背景は、1960年代の構造化技法によるプログラムの大量生産の結果、大半のプログラムが単なるデータ変換処理になってしまい実質価値を生み出すプログラムがごく少数しかないという事実を解決するためでした。余談ながら、どうしてそんなにデータ変換処理が増えたのかというと、

1. 作ってほしいプログラム（レポート）がいっぱいある
2. プログラムをいっぱい作るにはアルゴリズムが簡単なほうがよい

3. アルゴリズムはデータ構造に従属する
4. ではアルゴリズムが簡単なもので済むようにデータ構造を決めればよい
5. しかし元のデータはそのようなデータ構造になっていない
6. ならばまずデータ構造を変換するプログラムを作ろう

という流れによるものでした。これに対して汎用的なデータ構造を設計する（＝正規化によって正規形、Normal Form を実現する）ことで、さまざまなレポートをプログラムに依頼しなくてもエンドユーザが自由に作成、出力できることを狙ったのがリレーショナルデータベースです。

ですから、乱暴なことを言えば、データの整合性さえきちんととれていれば、別に正規化などしなくても、レポート用のデータをきれいに正規化したデータベースに適時送り込んでやってもよいわけです。

図：ODSとDWHの関係

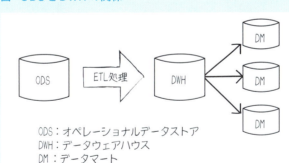

これは何も突飛な発想ではなくて、1990年代にすでにDWH（Data Ware House）というものが構築される際に提唱された考え方であ

り、『コーポレート・インフォメーション・ファクトリー』[*3]という書籍がその代表と言えます。

　昨今ではデータ分析などのために、非プログラマであってもSQLを使いこなせるようになることが推奨されています。RDBMSは、トランザクション管理の基盤として普及した時期を経て、ようやく本来の目的へと原点回帰できる状態に至ったと考えられるのかもしれません。

*3　W. H. Inmonほか著、江原淳、藤野明彦、松永賢次、本江渉訳、海文堂出版、1999年、ISBN 978-4-3037-3450-3

正規化を行う

　正規化という言葉は大仰に聞こえますが、要するにデータ型も部品化しましょうということです。たとえば、「注文データ」というデータ型は細かく見ると「商品」や「数量」などから構成されていますが、このうちの「商品」などは他にもあちこちといろいろなところで使われていたりします。それらは1ヵ所にまとめてしまうほうが利用しやすくて便利です。そうやって整理することが情報一元化にもつながります。

■正規化の手順

　では、正規化をどのように進めればよいのでしょうか。手順は次のようになります。

図：正規化の手順フロー

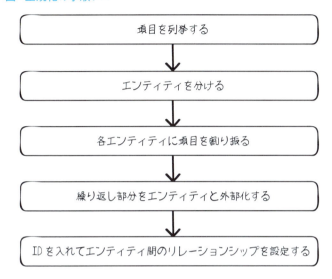

■**項目を列挙する**

まず必要な項目を列挙します。たとえば、よくある感じの「受注データ」を想定すると次のようになります。

図：受注データの例

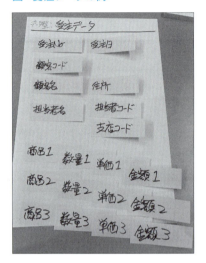

■エンティティを分ける

次にエンティティを分けます。エンティティ（Entity）とは、RDBMSにおけるテーブル（表）に相当します。データのまとまり、くらいにとらえればよいでしょう。代表的なものとしては、「顧客」「商品」「得意先」「仕入先」「社員」など名詞で表現するもの（資源、すなわちリソース系と呼ぶこともあります）や、「注文」「取引」「入金」「契約」「値引き」「出庫」「採用」など語尾に「〜する・した・された」を付けると動詞になるもの（出来事、すなわちイベント系と呼ぶこともあります）に大別されます。リソース系の場合は語尾に「〜名」を付けてみるとわかりやすいかもしれません。

図：エンティティの例

先ほどの例では、受注データをよく見ると「受注」「顧客」「担当者」「支店」「商品」の5つのようなエンティティが見つかります。

コラム リソース系とかイベント系とか

エンティティをリソース系とイベント系に分類するというアプローチはこの20年近くで随分と定着したように感じます。私自身も拙著『楽々ERDレッスン』[4]にてこのアプローチを全面的に採用していましたし、今でも当たり前のように使っています。

私のリソース系・イベント系の概念の大本は、佐藤正美氏の『RADによるデータベース構築技法—生産性を3倍にする』[5]を代表とす

る書籍群によります。私は佐藤氏とは面識がありませんが、多大なる影響を受けました。このことについてはずっと公言してきましたし、隠したことは一度もないのですが、ここで改めて明言しておきます。そのうえで実務上の経験から私なりの独自のDB設計に至っており、それを書籍などに書いているため、拙著におけるDB設計の内容については当然ながらすべての責任は著者である私にあり、言うまでもなく佐藤氏はまったく無関係であることも強調させていただきます。

＊4　翔泳社、2006年、ISBN 978-4-7981-1066-0
＊5　ソフトリサーチセンター、1995年、ISBN 978-4-9157-7863-6

■エンティティに項目を割り振る

次に、これらの各エンティティに項目を割り振ります。次のようになります。

図：注文データの例（項目の割り振り後）

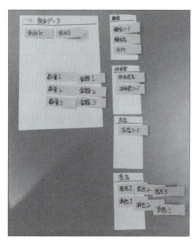

■繰り返し部分を外部化する

そして、繰り返し部分を外部化して1つのエンティティにします。これはRDBMSにおける第1正規形になるわけですが、複合ドキュメントやネスト型テーブルなどによる入れ子構造を使用できる場合は不要かもしれません。このあたりは実際に使うデータベースによって検討してください。

図：繰り返し部分を外部化

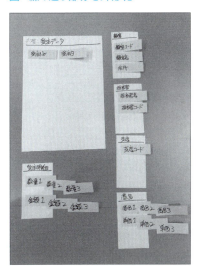

■ IDを追加してリレーションシップを設定する

最後に各エンティティにIDを追加して、データを個別認識できるようにしてあげます。そして、小分けにしたエンティティ同士が元のデータ型にまとまるための参照関係を表現するために、リレーションシップを定義します。このエンティティとリ

レーションシップを表現した図のことを ERD と呼びます。

図：ID とリレーションシップを加える

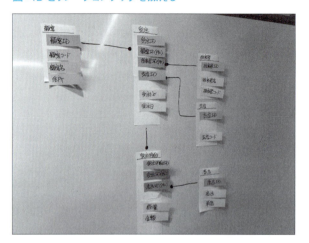

これでモジュールごとのテーブル設計ができました。そうするとあとは、モジュールの内部でインターフェースとテーブルの間をつなぐための実装について定義するだけです。

CHAPTER 16：[DB層] テーブル設計を行う

コラム IDと主キーの話

　リレーショナルデータベースのテーブル設計においてたまに紛糾するのが、主キーをどのように設計するかという話題です。私はインスタンスライフサイクルを識別するものとして、ID（Identifier）を導入することを推奨しています。

　これは小人くんと伝票モデルの話につながっています。たとえば、同じ書籍が5冊あるとします。人間は誰でもその5冊を見分けられるでしょう。しかし、通し番号も何も記載されていない状態では、客観的・定常的に見分けることはできません。これらを見分けるには、何らかの人為的な差異を追記する必要があります。

図：同じ書籍が5冊あるとして……

　繰り返しますが、人間は5冊を区別できます。なぜならそこに5つの物体が厳然とした事実として存在しているからです。余計な情報を追記しなくても、すでにそこに「独立した」「個として」「在る」

157

のです。この「在る」を表現するのが ID です。

　ですから、本質的に ID というのは、「緯度・経度・高度・タイムスタンプ」の 4 次元で表現されるべきものだろうと考えています。つまり、「地球上のこの場所に、このときに存在している物体」ということになります。ミクロのレベルで見れば、5 冊の書籍はほんのわずかですが、緯度・経度・高度のどれかが異なっています。まったく同一ということはあり得ません。

図：4 次元の項目としての ID

　ですから、4 つの項目の複合キーが ID ということもできます。しかし、実務を考えると、この 4 次元の概念を馬鹿丁寧に考慮しても何ら実益はありません。5 冊の例で言えば、5 つの物体が存在するという事実、そしてそれらを個別に識別できれば、それでよいのです。ましてやデジタル世界のモジュールくん同士の間でやり取りされるデジタル伝票に至っては、それを DB 上に永続化するにしても緯度だ経度だなどナンセンスでしょう。ですから見分けがつけば何でもよいのです。UUID（Universally Unique Identifier）などは用途としてはうってつけでしょう。しかし、実際に UUID でシステムを構築すると、主に運用時に単純に面倒くさいことが増えたりします。ですから利便性を考えると、シーケンスやシリアル型で十分だと考えますし、実際にそれで困ることはまずありません。

そして、IDとは別に、主キーは自由に設定すればよいのです。主キーは候補キーの中から任意に決めるものです。好きにすればよいのです。ERDで表現するのであれば、次のような表記法にするのが好ましいと考えます。

図：拡張したERDの記述例

```
┌─────────────────────────┐
│   顧客エンティティ          │
├─────────────────────────┤
│ ID                      │
│   ・顧客ID              │
├─────────────────────────┤
│ PK                      │
│   ・顧客コード           │
│     ・都道府県コード     │
│     ・顧客区分           │
│     ・連番               │
├─────────────────────────┤
│ Attributes              │
│   ・顧客名               │
│   ・住所                 │
│   ・電話番号             │
│     ︙                   │
└─────────────────────────┘
```

　何だかんだ言っても、SQLのDDL（Data Definition Language）におけるPrimary Key指定は、実装上はCREATE UNIQUE INDEXの糖衣構文だったりしますし、現場で発生した手書きの伝票をパンチャーが端末で入力するという業務プロセスを効率化するために生まれたのがコード体系という手法なわけですから、発生源入力・セルフサービスが当たり前で顧客直結／エンドツーエンドの超分散処理時代にいつまでも伝票入力／起票型業務の思想を盲腸のように引きずる必要もないでしょう。

　実現したいのは「理論的に正しいDB設計」か、それとも「現実に

長期運用可能な DB 設計をさっさとリリースすること」か。私はもともと運用保守からこの世界に入って自分が生まれた年に作られたシステムを運用してきたこともあって、稼働から 20 年以上経過したシステムを現役で運用させて保守し続けていくことにおける開発時の理想論とはまったく別の運用上の要求を身をもって体感しており、そのため後者を圧倒的に優先しています。DB 設計は重要ですが、DB 設計だけがちゃんとできていても無意味です。実現すべきゴールは何かということを意識して、手法を選択していただければと思う次第です。

　また主キーに限らずデータにおけるキーというのは今後タグ化していき、分析のためのユーザビリティを考慮しながらどんどん変化していくものになっていくのだろうと、私は考えています。

CHAPTER 17

[DB層] 実装を定義する

モジュール内の実装を考える

　ここまでくると、下手するとRDBMSの場合はSQLのプログラミングをしたほうが手っ取り早いなどということにもなりかねません。

　ですので、保存系の場合は

「INSERTのときに重複があったらどうするか？」
「UPDATEやDELETEで対象のレコードが見つからない（NOT FOUND）場合はどうするか？」

という例外系の注意書きをしておけば大丈夫でしょう。

　また、取得系の場合は、

「集計する項目はどれ？」
「計算式は？」
「集計のグループ化のキー項目はどれ？」
「並び順は？」

というようなことを記載しておけばよいでしょう。

　このあたりをちゃんと書こうとすると簡易的なSELECT文になってしまいがちですが、開発者にはそのほうが意図がしっ

かりと伝わりやすいので、無理してわかりづらい日本語になるくらいなら SQL っぽく書くほうがよいでしょう。

図：DB 層の実装定義

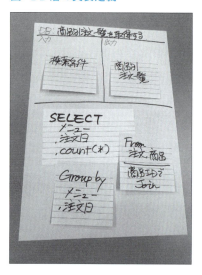

コラム　ストアドファンクションのススメ

　たいていの RDBMS に装備されていながら、なぜか忌避されている機能にストアドプロシージャ（Stored Procedure）／ストアドファンクション（Stored Function）があります。

　これらは SQL を関数化して、いわばカプセル化を実現してくれる機能です。ですから、呼び出し側のホスト言語(Java や PHP や Ruby や Python や JavaScript などなど）の側で SQL を長々と書く必要は

> ありません。呼び出したいプロシージャまたはファンクションの名称を書くだけで済みます。ファンクションは SELECT の結果セット（Result Set）を返してくれるものもあるので、複雑な検索であっても呼び出し側は引数に条件を渡すだけで済みます。
>
> DB 層の担当は DAO のための言語や環境のことを考えなくても SQL に集中できますし、仕様のドキュメントが不在であっても見るべきものがあちこちに散らばらずに済みますし、性能も引き出しやすいですし、SQL そのものの構造化も促進できるので良いことずくめです。
>
> 他の DB 製品に切り替えるのが大変だ、ロックインされる、などという話をよく聞きますが、DB を別製品に切り替えるときにそんなに都合良くいくわけがないのですし、そんな本当にやるのかどうかあやふやなことを想定するよりも、今目の前にある要件をさっさとシンプルに実現できる方策を選ぶほうがよっぽどよいと私は考えます。

全モジュールのテーブル設計を統合・整理する

さて、最後の仕上げとして、DB 層のモジュールごとに設計したテーブルを統合・整理します。たとえば、「注文データを保存する」モジュールと「商品別注文一覧を取得する」モジュールではどちらも「商品テーブル」を利用していますが、システム全体としては同じ内容をモジュール別に重複して保持するのは違和感があります。ここはやはり1つにまとめておきたいところです。というわけで、別々に行ったテーブル設計の統合と整理を行います。

図：テーブル設計の統合と整理

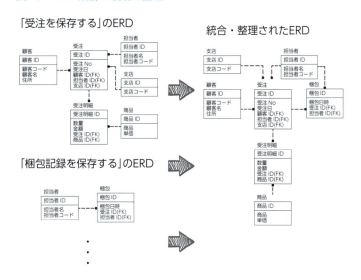

統合と整理を行ったら、1つの大きなまとまったERDができあがります。これでDB層の設計は完了です。

コラム DB設計の呪いを解く

1980年代から90年代にかけてRDBMSが急速に普及した時期、DOA（Data Oriented Approach、データ中心アプローチ）と呼ばれるメソドロジーが多く提唱され、全社レベルで統合されたデータモデルの実現を目指していました。その頃のDB設計はビジネスの写像

でもありました。アプリケーションに比べてデータモデルは変化が少なく安定している。ゆえに、そのモデルを描き切れば長期にわたってシステムを安定運用できる。その考えが根底にありました。

しかし、時を経てビジネスがデジタル化している現代において、データベースは情報共有基盤としてますますその存在意義を増しているのと同時に、ビジネスモデルの急激な変化に追従しなくてはならない位置付けに立たされるようになりました。

DOA が提唱された当時のシステムは、社内業務の事務効率化が目指す姿でした。IT という言葉はまだ存在せず、OA こそが目指す未来でした。しかし、提供する価値が財の所有から利用へと大きく変容している現代のシステムは、顧客や社外に対する事業価値の創造と提供が求められています。市場や顧客のニーズに合わせてどんどん変化していくことが必要になっているのです。

つまり、「売上伝票を入力して集計するシステム」から「売上そのものがシステム上で発生する」時代に変わったのです。ですから、従来のように全体をしっかり把握して全社的なデータモデルを構築して、などとしているうちに状況が変わりスピードが追いつかなくなります。むしろビジネスの写像を担うのは DB ではなく、本書におけるバック層へと役割がシフトしていると言えるでしょう。

DB 設計ありきのシステム設計から、提供するサービスありきのシステム設計へ。そして、データモデリングは大きな意味でビジネスモデリングへと脱皮すべき時期だと言えるでしょう。

コラム それでもデータモデルはビジネスを表現する

　データモデルがビジネスを表現するというよりも、そのような構造をテーブル設計として実現しておかないと適切にデータを保持することができないというほうが正しいでしょう。

　たとえば、次のような売上伝票があるとします。

図：売上伝票の例

これを普通に正規化すると次のようになるでしょう。

図：いわゆる正規化をした売上伝票

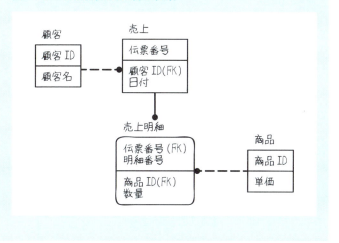

しかし、もし商品の単価があくまでも「標準単価」であって、実際の販売時には主に値引きなどによって異なる単価になるとしたらどうでしょうか。このままでは、そのようなデータを保持することはできません。そこで、次のようにテーブル設計を修正する必要があります。

販売時に個別に値引きがある場合

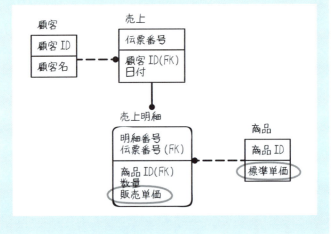

あるいは、単価は商品に設定されたままで変更しないのだけれど、合計金額から端数を値引きして切りの良い金額にすることが慣例になっているとしたらどうでしょうか。この場合は、次のようにする必要があります。

図：総額に対しての値引きがある場合

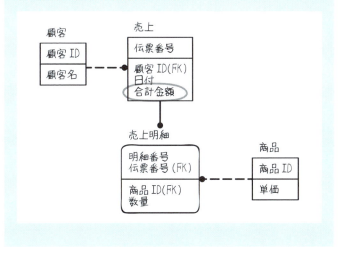

はたまた、実は顧客ごとに契約単価を設定したりするケースもあるとしたらどうでしょうか。そうすると、次のようにテーブルの数自体を増やすことになります。

図：顧客ごとに契約単価を設定する場合

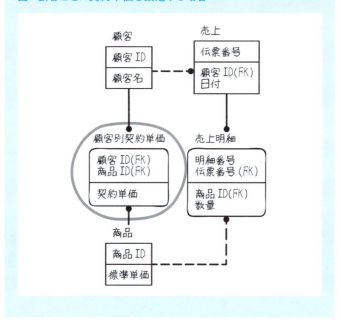

さて、もしも商品の標準単価以外に、期間ごとにセール特価などの特別価格を設定することがあるとしたらどうなるでしょうか。

図：標準単価以外に特別価格を設定する場合

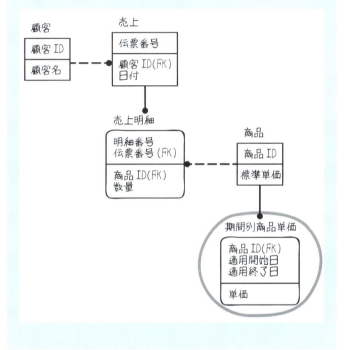

あるいは、この期間別というのが先ほどの顧客別の契約単価に適用されるとしたらどうでしょうか。

図：顧客別の契約単価に特別価格が適用される場合

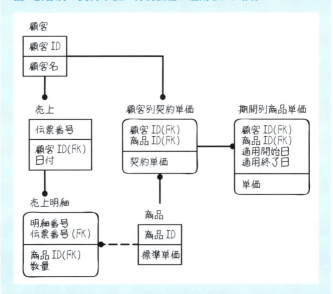

　いかがでしょうか。このようにデータモデルがビジネスモデル、つまり商売の様子を表現できるように設計されていないと適切な形でデータを保持できなくなってしまい、わけのわからない区分などをでっちあげてプログラム側で IF 文を膨大に組み合わせて何とか同一項目内の値を見分けようとする羽目に陥ってしまうのです。

CHAPTER 17：[DB層] 実装を定義する

コラム 状態の表現あれこれ

テーブル設計の際に悩ましいものの1つが「状態」の表現です。特にワークフロー系の表現はいろいろな状態が出てきたりして混乱しがちです。状態をデータ構造で表現するにはいくつかのパターンがあるので、ざっと紹介しておきます。
まずは単純なフラグ型です。

図：フラグ型

```
見積テーブル

・見積確定フラグ
```

さまざまな状態があって、そのうちの1つの状態であるという場合は、よくある状態マスターを持たせるパターンが使えます。

図：状態マスター型

173

1つのレコードが同時に複数の状態を持つ場合は、項目を複数持たせます。

図：複数フラグ型

項目数が多い場合は、外部テーブル化してもよいでしょう。

図：複数項目の外部テーブル

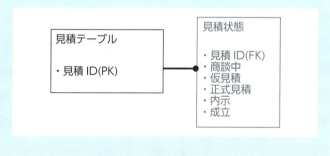

これをすっきりさせると、このようになります。タイムスタンプを追加すればいつからいつまでの期間にその状態だったかまで記録できるようになります。

図：状態テーブル型

状態ごとに管理したい項目が異なる場合は、次のようにテーブルを分けてしまいます。

図：サブセット型

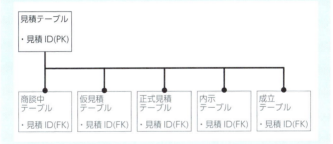

以上、いくつかのパターンを紹介しましたが、プロジェクトとしてどれか1つのパターンに決め打ちするというよりは、それぞれのデータの内容を検討して個別にどういうタイプで状態管理するかを決めるほうがよいでしょう。それでもあえて1つのパターンで統一するとしたら、多少冗長に感じることが増えても状態テーブル型にしておくのが無難かと思います。

コラム　マスター系テーブルとマイクロサービス

　DB層のサービス化を徹底するなら、極論を言うとテーブルごとにモジュール化してしまって、ミキシング（いわゆるJOINなど）を全部バック層などでプログラミング言語上で実現すべきではないかという論もあります。個人的にはあまり好ましいとは感じませんが、それはそれでアリだとも思います。

　ただ、大量データの一括処理という点でRDBMSのメリットは捨てがたいものがあります。データ操作のスペシャリストサービスとしてのRDBMSというのは、今もって十分にアリだと考えます。ですので、本書では餅は餅屋ということで、RDBMSの長所を活かすということを前提にしています。

　かつてシェアードエブリシングとシェアードナッシングのどちらが有利か、という議論がありました。今ここでその話を蒸し返すつもりもありませんが、一度決着したかに思われたこの議論は、マイクロサービスにおけるマスター系の在り方というふうに形を変えて、今もなお続いているのかもしれません。

CHAPTER 17：**【DB層】** 実装を定義する

 AI層というサービスとDB設計

　DB層の応用として、AI層というものが今後ますますクローズアップされてくるでしょう。インターフェース定義はもちろんですが、学習データを蓄えるわけですから当然（広い意味での）データベースが必要になります。また、利用側には見えないところで適時学習機能を実行して賢くする必要があります。

　AIは判定結果を提供してくれる役割を果たしますが、「こういう条件を満たすデータをちょうだい」という依頼に応えるケースも当然あります。このようなケースは利用者から見れば、まさにこれこそがデータベースであると感じることでしょう。

　さて、そうなると保存されたデータの分類などもAIに任せてしまいたくなります。実際、AIが膨大なデータを1件ずつ判定しながら適切な器に区分けして保存してくれるようになりそうです。ということは、これまで散々書いてきた正規化というテーブル設計の作業をAIが自動的に行ってくれるということになります。そのようなことが進めば、いずれは本書に書いてあるようなDB層の設計というのは、根本的に不要にできます。早くそんな時代がきてほしいと願っています。

177

CHAPTER 18

システム設計の成果

システム設計の流れとその成果

ここまででシステム設計について一通りの流れを押さえたことになります。システム設計とは何か？ 要件をアーキテクチャにマッピングすることでした。そこで今回は、フロント層・バック層・DB層の3層構造アーキテクチャにマッピングしていきました。

図：要件をアーキテクチャにマッピングする

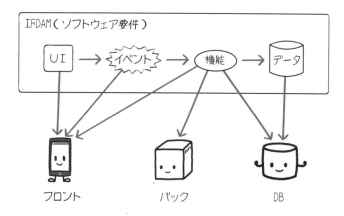

まず最初に、フロント層から着手しました。要件をまとめたIFDAM図をもとにして、UI設計と機能設計を行いました。その結果、「UIレイアウト」と「フロント層のモジュール定義」と「修正を反映したIFDAM図」の成果を得ました。

図：フロント層の設計の成果

それから、バック層の設計を行いました。フロント層の機能設計で期待されているバック層側のモジュールを機能設計で定義しました。その成果として、「バック層のモジュール定義」を得ました。

図：バック層の設計の成果

そして、DB層の設計を行いました。バック層の期待に応えるモジュールの定義と、そのモジュールの実装で必要となるテーブルの設計を行いました。最後は、全モジュールを横断してテーブルの統合と整理を行いました。DB層の設計の成果として「DB層のモジュール定義」と「ERD」ができあがりました。

図：DB 層の設計の成果

　これでシステム設計が一通りできたことになります。あとはコツコツとこの一連の作業を繰り返し進めていくだけです。しかし、大きなシステムあるいは大量の要件が存在するシステムの設計を進めていくときには「大変だなぁ」という気持ちになり、手が止まってしまいがちなのも事実です。そこで今回知ったこの一連のシステム設計の進め方を実践するときのポイントについて最後に確認しておきましょう。

第 **4** 部

実務とシステム設計

CHAPTER 19 マルチサイクルによるスコープ管理
CHAPTER 20 正しい「率」による進捗管理
CHAPTER 21 共通化の罠

CHAPTER 19

マルチサイクルによるスコープ管理

　実際のプロジェクトでシステム設計を実践していく場合、これまでの説明だけではどうも上手く進められないと感じられることもあるでしょう。それらは本来、プロジェクトマネジメントという手法の領域であり、システム設計という手法の領域ではありません。しかし、現実としてどうにかしないといけないというケースは多々あります。そこで特に目立つポイントについて触れておきます。

大規模プロジェクトの課題

　大規模プロジェクトという言葉は、わかったつもりになりやすい曖昧な言葉です。いったい何が大規模なのか意外と不明瞭です。機能は少なく単純だけど、ユーザ数が大規模なのか。ユーザ数は少なく機能も単純だけど、処理するデータ量が大規模なのか。同時実行トランザクション数が大規模なのか。大規模にもいろいろあります。ソフトウェア開発・システム開発においては一般的に「要件の数が非常に多い」→「ゆえに、開発者を中心にプロジェクト参画者の人数が多い」→「ゆえに、投じられる予算が非常に大規模」というパターンを大規模プロジェクトと呼ぶことが多いように感じます。

　そのような「要件と人数が多い」プロジェクトというのは、ともすれば「無駄なことをやらせないように」というふうに考えがちで、無駄なことを避けるには何からどう手をつけるのが効

率的かというようなことを延々と悶々と悩み続けて、結果として無為な時間を浪費して予算から考えられないほどタイトな状況に陥りがちです。そうすると、本書に書いているような手順もややもすればすぐに端折ろうとします。しかし、前工程が不十分だと後工程のインプットが不十分になり、結局ろくな成果を出すことができません。「急がば回れ」の諺のとおり地道にコツコツとやるのが結果として一番最速になるのだということは、何度強調してもしすぎるということがないと実感しています。

マルチサイクルによるスコープ管理とは

しかし「地道にコツコツと」と言われても、何からどうすればよいのか、ということに対しての答えにはなっていません。そこでお勧めしているのが、マルチサイクルによるスコープ管理です。

図：マルチサイクルによるスコープ管理

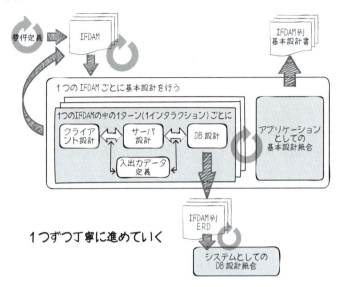

1つずつ丁寧に進めていく

■業務ファーストで考える

　まず大前提として「機能ファーストではなく、業務（あるいは仕事／行動）ファースト」で考えるということです。要件定義の成果として本書ではIFDAM図が存在することを前提としています。IFDAM図の作り方そのものは拙著『はじめよう！要件定義』をお読みいただきたいのですが、このIFDAM図を作る単位は業務単位でよいということです。ともすれば大規模プロジェクトというのは、たとえば基幹系システムの再構築のように広範な業務範囲を対象とし、ステークホルダとの調整にも時間がかかります。それらをすべてオールクリアにしようとするのではなく、明確に定めやすい業務から着手していけばよ

いのです。

図：「1つの業務」というスコープに着手する

■ IFDAM図を作成する

　たとえば、今回の目玉焼きハウスの例で言えば、レジ周りの話がややこしくても、あるいは注文のバリエーションに議論が尽きないとしても、「基本的な注文を受ける」という業務は定義できます。ならばまずフォーカスをその業務に絞り、「基本的な

注文を受けるというシステム」というスコープ定義をして、そのIFDAM図作成に注力するのです。

図：「1つのユーザ行動」というスコープに着手する

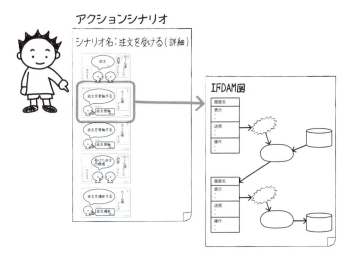

■インタラクションを抜き出す

IFDAM図ができたら、そのIFDAM図に対するシステム設計をきちんとやり切ることを目指します。

そして、ここからがポイントです。このときに漫然とIFDAM図に取り組むのではなく、

1つのインタラクション

を抜き出して、まずはそれをきちんとシステム設計し終えるようにします。1つのインタラクションとは具体的には、あるUI

から1つのイベントが発生して機能を実行し次のUIに至るまでのひとまとまりの流れ、のことを指します。

図：IFDAM図の中のインタラクションの例

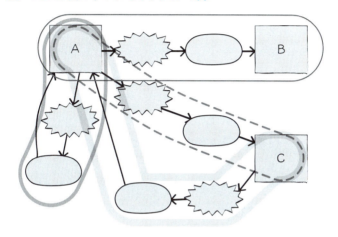

この図の場合、UIのAからBへ、AからCへ、CからAへ、AからAへ、の4つのインタラクションが存在します。これらに漫然と着手するのではなく、まず「AからBへ」と決めたらこれだけに集中するということです。

■ UI設計を行う

そうするとUI設計を考えなければならないのは2つのUIだけになります。これをまず設計するわけですが、すでに説明したようにここでUIの分割などが起こり得ます。そのような修正があれば、一度IFDAM図に反映して立ち返り、改めてどのインタラクションに取り組むのかを決めます。

■機能設計を行う

そしてUI設計が定まったら、そのインタラクションに現れる機能に対して機能設計を行います。まずはフロント層から行います。そしてバック層からDB層へ進めていきます。このときに主にエラー画面などでUIが追加されることもあるでしょうし、フロント層で行うつもりだったチェック処理をバック層でやる必要が出てきたり、というようなこともあるでしょう。UIが追加されたらIFDAM図に反映しましょう。重要なのは、今着手中のIFDAM図上の機能は常に1つだということです。この1つの機能要件を3層にマッピングしていくのがシステム設計です。

■テーブル設計を行う

そしてDB層までできたら、テーブル設計をしましょう。テーブル設計が終われば、1つのインタラクションを実現するために必要な設計は一通り揃うことになります。

ここまでできたら同じIFDAM図の中から次に着手するインタラクションを選びます。そして同じことを繰り返します。

■マイクロスコープのシステム設計

こうして1つのIFDAM図に対してすべてのインタラクションをシステム設計に落とし込むことができたら、IFDAM図という形でのソフトウェア要件を必要としていた業務に対するマイクロスコープなシステムである、先ほどの例で言えば「基本的な注文を受けるというシステム」のシステム設計が終わった

ことになるのです。

　1つのIFDAM図が終わったら次のIFDAM図に着手しましょう。それはつまり、別の業務を対象にシステム設計をしていくということになります。このような手順を踏んでコツコツと進めていくと、間違いなく進捗が早くなります。そして進捗が早くなり出すと、いろいろなモヤモヤが具体的な課題となって明瞭化されます。

　なお、テーブル設計の統合と整理は適時どんどん進めていきましょう。全部揃ってから一気にやろうとすると、量に心が負けます。面倒に感じても繰り返し微調整を続けていくことで、結果として全体的によく整理された質の高い全体テーブル設計を実現できます。

コラム テスト設計について

　システム設計の話になるとほぼ必然的にテストをどのように考えるか、というお話が出てきます。基本的にテストというのは「想定どおりにちゃんと動く」ということを確認したいわけですが、では「想定どおり」とはどういうものかというと、「こういう入力をしたらこういう出力がある」というインターフェース定義に対する中身の確認ですので、何はともあれ末端機能についてはユニットテストを仕込んでいくべきだと考えます。

　そのうえで、末端機能の呼び出しなどについてはすべてにユニットテストを行うべしとするとき、ちゃんとやり切るモラルがあれば問題はありません。しかし、割とありがちなのは、ユニットテストを作ることを避けるためにモジュール化の徹底を止めてしまい、粒度の荒いモジュールを乱造しかねなくなるパターンです。それでは本末転倒になってしまいます。

　ですので、呼び出しのテストについては、インタラクションのレベルで確認するのが現実的な落としどころなのかな、と考えてはいます。

CHAPTER
20

正しい「率」による進捗管理

「率」とは

　このように地道にコツコツと進めていくと、進捗管理の品質も向上させることができます。進捗といえばすぐに出てくるのが進捗率です。ではそもそも「率」とは何でしょうか。百分率の求め方は小学生時代に習ったとおり、次のようになります。

$$率 = \frac{分子}{分母} \times 100(\%)$$

　このように**率を導出するには分母と分子が必要**です。言い換えると、**率とは単一の数値では決してない**のです。

分母と分子を把握した定量的な進捗管理

　しかし、実際の進捗報告はどうでしょうか。「着手したから20％」「何となく半分くらいは作業が進んだと思うので50％にしようかと思うけどちょっと不安だから45％」「おおむね終わったと思うんだけど変更依頼とか出てきそうなので87％」などのように、何となくで数値を決めているケースが非常に多く見受けられます。

■分母と分子をきちんと定義する

しかし、先ほどの地道にコツコツと作戦をやれば、自ずから分母と分子をきちんと定義できます。まず、IFDAM図が何枚あるのか。そのうち何枚が完了で何枚が着手中か。これだけでざっくりした率が出せます。次に、1枚のIFDAM図にインタラクション数がどれだけあるか。そのうちシステム設計が完了したインタラクション数はいくつか。これもすぐに出せます。そして一人一人が着手するインタラクションは常に1つにすることで、UI設計の完了はゼロか50％（開始UIと終了UIの2つのうちの片方が完了）か100％（開始UIと終了UIの両方が完了）かすぐに出せます。機能設計は小分けにしたモジュール数が現在何個でそのうちの何個までをきちんと完了できたかを出すことができます。テーブル設計は終わったか未完了かのどちらかです。これらを合算すれば、現在作業中のインタラクションの作業進捗率が導出できます。

そして何よりも「完了したはずのものが再び着手中になっている」という事態をいち早く検知して、その原因を確認することができます。分母が増えるのは理由があります。完了だったものが未完了に戻るということは分子が減ることです。なぜ、分子が減ったのか。何となくの気分の数値では把握できないプロジェクト内の手戻り要因をマネジメントがきちんと把握するツールとして進捗率がきちんと機能するようになります。

■本当に重要なのは「残管理」

「大規模だから無駄なことを減らしたい」のであれば、きちん

と分母と分子をそれぞれの増減理由まで含めて把握できるように、定量管理できるプロジェクト工程設計をすべきです。なお、進捗管理で本当に重要なのは「残管理」であって、進捗そのものは単なる結果でしかないことは言うまでもありません。そのことをプロジェクトマネージャがわかっていない（からきちんとプロジェクトの工程設計がされていない）状態なのであれば、身の丈に合わせてまずは小さなプロジェクトからやるべきです。そして、その場合もシステム設計でやることは変わらず地道にコツコツと、なのです。

CHAPTER 21

共通化の罠

「共通化の推進」という悪しきパターン

　「大規模だから無駄なことを減らしたい」のでよくやる悪しきパターンとして、「共通化の推進」というものがあります。共通化とか標準化という単語が入っているチーム名のユニットがプロジェクト内に組織されるケースです。しかし残念ながら、これがプロジェクトの当初から期待どおりのパフォーマンスを発揮するケースは非常に稀であり、むしろプロジェクト全体を停滞・迷走に導くことすらあります。

　その理由は簡単です。「共通化を行う」というのは仕事です。仕事は成果を出すために材料を必要とします。では、「共通化」の材料とは何でしょうか。今回対象のシステムのすべての仕様です。それらの中から共通する部分を見出して、1回の開発で済むような作戦を立てるのがこのチームの役目です。ですから、材料として「すべての仕様を出してほしい」と要求します。

　しかし、その仕様を出す作業、すなわち設計を効率良くしたいから共通化チームがいるわけです。つまり、共通化の対象になるところは設計をしなくてもよい・使用を考えなくてもよい、という効率化を期待しているのです。ですから逆にこう求めます。「共通部分の仕様を出してくれれば、こちらは仕様を作って出すことができる」と。

図：共通化の罠

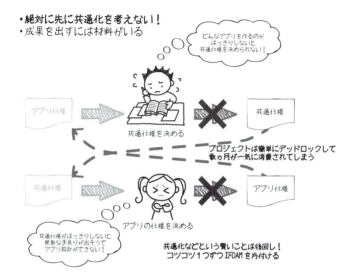

　かくしていとも簡単に、プロジェクトのプロセスがデッドロックを起こします。どちらも「効率良く」という観点からすると正しいことを言っています。そして、あっという間に数ヵ月ほどが過ぎて、言い訳のための書類以外の成果物が皆無という状況に陥るのです。

共通化の罠から抜けるには

　この陥穽から抜け出すには「共通化をやめる」ことです。完全にやめないまでも後回しにするということです。プロセスは最終成果が工程の順序をほぼ規定します。事業・業務の役に立つシステムという成果を出すのであれば、共通化されているが

事業・業務の役に立たない（プロジェクトの遅延も含めて）システムというのは果たしてどうなのか？　ということに対してきちんと向き合うべきでしょう。

　知っているのとやっているのとは違いますし、やっているのとちゃんとできるのは別物です。やらないことはできるようにならないのです。机上の空論の効率化作戦を振り回すよりも、小さくても着実に成果が出る道を選びましょう。これもまた、「急がば回れ」なのです。

CHAPTER 21：共通化の罠

コラム 既存システムのリプレースについて

　昨今では、レガシーマイグレーションやモダナイゼーションという呼ばれ方で既存システムのリプレースが行われるケースが増大しています。このリプレース系のプロジェクトでよくある問題が、「ドキュメントの不備により、現行の仕様がわからない」というものです。

　そこで、とりあえず既存システムのソースコードなどを追いかけたりして、いわゆるリバースを行うのですが、その結果として発生するのがリバース対象に漏れが生じて、何とかシステムをリリースまで持って行けたと思ったら、エンドユーザから厳しい指摘を受けて本番に入れなくなったりするケースもあります。

図：リバース漏れとユーザの反感

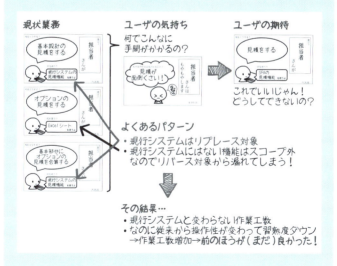

197

レガシーとは遺産のことです。では、何を遺産として引き継ぐべきなのか。それはシステムの機能ではなくて現状の使われ方です。つまり、機能指向ではなく業務指向でリバースをする必要があるということです。端的に言えば、既存システムのUI（画面・帳票）一覧を作成して、その1つずつについて「そのUIを使って、いつ・誰が・どのような業務を行っているか」を洗い出していくことです。そのうえで、新業務の設計を行って、その新業務を支えるシステムとはどのような要件を満たす必要があるのかを定義しなければなりません。

図：UIから業務指向でリバース

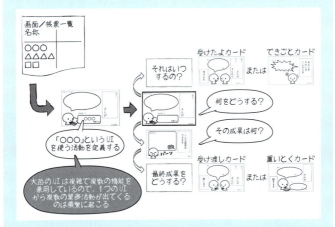

　そして、リプレースという言葉に惑わされないことが重要です。既存システムは所詮参考にしかなり得ず、実際には現状の業務を雛形として考えた新業務に基づく完全新規開発なのだと覚悟して取り組む必要があります。リプレースというと、さも今あるものの結構なものが再利用できそうな気分になりがちな単語ですが、実際にはそんなものは一切ないのだということを早々に受け入れることから始めましょう。

まとめ

システム設計のその先に

プロセス設計から要件定義、システム設計へ
システム設計からシステム開発、そして未来へ

プロセス設計から要件定義、システム設計へ

　ここまでシステム設計ということについて長い時間をかけて見てきました。でも、そもそもどうしてシステム設計なんてことを考えたりしたのでしょうか。それはきっと、「こんなことを実現したいな」「こんなふうになるといいな」といった要望を実現するためでしょう。

　実現したい要望を実現するために、まず「それが実現した未来ってどんなふうになるんだろう」「いつ・誰が・何を・どんなふうにするようになっているんだろう」「そんなことをすると、どんな良いことが起こるんだろう」……そのような未来図を明確にするために、それが実現した場合の様子をプロセスとして描きました。

まとめ：システム設計のその先に

図：プロセス設計

そしてその描いたプロセスの中で必要になるIT・システムへの要望を具体的にするために、要件定義をしました。

図：要件定義

しかし、このままでは開発するには情報が足りないということで、今回システム設計を頑張りました。

図：システム設計

システム設計からシステム開発、そして未来へ

　こうして無事にシステム設計まででできたわけですが、ではこれで終わりかというと当然ながらそんなことはありません。「こんなことを実現したいな」という思いが現実になるために、まだまだ先があります。まずはこれまでの成果をもとにして、システム開発を始めなければなりません。

　そして、無事にシステムができあがってもそのままでは意味がありません。ちゃんとリリースしてみんながそのシステムを使うようにならないと思いが現実になりません。つまり、システム活用を始めなければなりません。

　そうしてシステムを使ってみると、上出来の点もあれば不足していることも見えてくるでしょう。あるいは今はまったく想

像すらしていない新しいアイデアが生まれて、それを実現したくなるかもしれません。そしてそれらの思いをもとにさらにより良い未来に向けて、また新たなチャレンジが始まります。こうしてまるで輪のようにぐるぐると回りながら、人も組織も会社も成長していきます。

　……思い描く未来に向かって。始めましょう、システム開発を！　そして、始めましょう、ITという魔法を味方にした素敵な未来の実現を！

あとがき

　最後までお読みいただき、本当にありがとうございます。本書の執筆に至った経緯は冒頭に記したとおりではあるのですが、ここが時代のターニングポイントなのかもしれないという思いもあり、時代の素描として冗長ですが書き残しておきます。

　本書を執筆したのは2017年の夏です。前年の動きを経てこの年は冒頭から大きな変化の兆しを示していました。我々の仕事に直結するところでは「働き方改革」「生産性向上」ということが政府から示されたことは非常に大きく、時短だ何だとさまざまな取り組みが推進されるようになり、勢いITへの取り組みが熱を帯びてきました。

　一方で、同じく前年あたりから一般向けビジネス誌などで兆しを見せていた新しい三種の神器とでもいうべき「AI・IoT・RPA（Robotic Process Automation）」が2017年の初夏の頃から一気にブーム化し、海外の大型製造業つまりはGEやシーメンスなどのソフトウェアへの急速な転換すなわちデジタルトランスフォーメーションへの危機感などから、これまでITとは一線を画してきた企業が一気にITへの取り組みを加速するようになりました。

　このような内向き・外向きの両方のプレッシャーから、動機付けはポジティブ／ネガティブの両面があれど、それらの行き着く先として「今こそITへの投資を行うべし」という機運が世間の大きな空気感として醸成されたのが2017年という年

だったというのが実感です。

　そんな中で本書の姉妹本である『はじめよう！ 要件定義』『はじめよう！ プロセス設計』は、「ITに取り組まなければならないが、専門外なのでよくわからない」という方々のニーズに上手く合致したらしく、おかげさまでご好評をいただき、これらの書籍を通じていろいろなところからお声がけをいただくようになりました。その結果、せっかくのIT化への機運を支えるべき土台が非常に脆弱になっている現実に直面することになりました。

　そもそもリーマンショック以降、日本の特にエンタープライズ向けのIT業界（俗にSI業界と呼ばれる）はコスト削減のための人員削減と、その後にやってきたソーシャルゲームブームなどもあり、中堅からベテラン層がごっそりと業界外に流出してしまった事実があります。ですから、自称あるいはその企業にとってはベテランとされて発注側企業と接しているものの、実態は基礎レベルで至らないという人材が相対的に大きな比率を占めるようになりました。

　そこに加えて、発注側企業においてもコスト面とデジタルトランスフォーメーション対応の両面から内製化回帰の流れが増大したのですが、「ITは虚業」などという妄言を信じてIT投資を抑制し続けた結果、プロジェクトらしいプロジェクトをしっかりとやることのないまま塩漬け化された現行システムの運用に追われてきた状況下で、自社がそもそも何を作ればよいのかをデザインできる人材が損なわれてしまいました。

　またゼロ年代の当初は華やかだったWeb業界もレガシー化した第1世代のメンテナンスが増大する一方で、テクノロジー

の進展によって担う領域が拡大して専門技能が細分化されていき、開発に関するノウハウは高度化する一方で顧客ニーズの仕様への落とし込みなどのノウハウはむしろ後退していきました。

これらの結果、何が起こっているのかといえば、「上流工程という言葉の喪失」「かつてシステムエンジニアが担っていた領域を担当する職能の不在と、それを補うためのプロジェクトマネージャあるいは Web ディレクターの過剰な職務負担」「発注側と受注側の、作業工程に対する認識の乖離」などです。言い換えると「企画」と「開発」の間の距離が膨大に遠くなっており、しかも希薄化が進んでしまって、それらを全部「要件定義」と呼ぶようにすらなってしまっているのです。

ですから、先の拙著に対しても「これは詳細設計ですよね。ここまでやればオフショアにそのまま出せますよね」と仰る方もいれば、「これは企画ですよね」と仰る方もいるのが現実で、確かに昔から「概要設計〜基本設計〜詳細設計」派と「基本設計〜外部設計〜内部設計」派のような工程認識のギャップがあったりはしたものの、ここまで訪問する会社さんごとにバラツキが出るというのはかつてなかったことであり、正直驚きでした。これは SIer においても同様で、自社標準プロセスがあると言いながら、実際には各プロジェクトマネージャごとの流儀で大きくバラツキが存在しており、その PM のキャリアやスキル次第で従来の上流工程の作業自体がごっそりと抜け落ちていたりするのも現実です。

さらに面倒なことに、IT 化の機運が高まると跋扈するのが「実装に対する知見をまったく持っていないが、世間に流布する

あとがき

言葉を組み合わせて経営陣に上手にアピールする企画職またはコンサルタント」という存在で、端的に言えば総論としては文句をつけられないのだけど、実装を考えると雑すぎて話にならないような企画がはびこるようになり、そういう輩(やから)に限ってITに対して無知な経営者のお気に入りになる能力は高いので、結果として最初から迷走しているプロジェクトというのが増加するようになりました。

　これらの問題を煎じ詰めれば、ノンIT人材（経営者や企画職を含めて）が描く「やりたい」と、実装を担当するITの専門職能の「できます」の間できちんと変換をするという工程への手当が不在であるということに至ります。それが業務設計であり、言い換えるとビジネス要件／業務要件の定義であり、そしてそれに基づくシステムの要件定義とシステム設計ということになります。

　これらに対する問題意識と現実の要請に応じる形で本書を執筆しました。当初は3冊に分冊する予定でした。仮のタイトルは『はじめよう！DB設計』『はじめよう！UI設計〜ノンデザイナーズ・UIデザインブック〜』『はじめよう！プログラム設計』です。しかし、各社を回らせていただく中で、個別に細切れの情報提供は逆効果だと判断しました。問題は細分化が進んでいることです。ですから問題を解決するには、個別の詳細の話をする前に、大きく全体をとらえ直す必要があると考えました。そこで基本とは何かという観点から内容を絞り込んで、1冊にまとめるという作業を行いました。

　変な話ですが、先の2冊も含めて本書は「この手の専門書を

買わない・読まない人向け」です。正直言って、私が呼ばれる現場では専門書を読んでいる人はビギナーからベテランまで含めて非常に稀です。そんなのを読む時間がないという世知辛い現実もありますが、それ以上にそもそも専門書というのは読む人が本当にいないのです。それは専門書の発行部数と職業人口を対比すればすぐに実感できます。ですから、書籍を読んで勉強している人たちと、まったく勉強していない大多数とのギャップは広がる一方であり、それを埋めるためにせめて少しでも読む気になっていただければということで、一貫して「薄く・軽く・絵が多い」書籍にすることで手に取ってもらいやすいことを意識しています。

　残念なことではありますが、メディアなどでいくらイベントや勉強会などの進んだ事例などが取り上げられても、それはラウドマイノリティでしかなく、トップ・オブ・トップスの世界であって、世の中の圧倒的多数のプロジェクトにおいてはまったく無関係なのが現実です。

　実際のところ、専門誌で書かれるようなカッコイイ手法を採用できるような人材でプロジェクトを編成できるようなところは珍しく、また珍しいから事例記事になるのです。専門書を読むという習慣のない、つまり行き当たりばったりでやってみてたまたま上手くいっただけのことを前例主義で転がし続けるような大半のプロジェクトにおいては、ドリームチームを前提とした手法のように高度なことを山ほど提示しても何ひとつ実践できないのが現実です。そのような中で取捨選択をして、最低限ここまではやってほしいというのと、ここまでならごくごく

普通のプロジェクトチームでもきちんとやれる、という兼ね合いをとって整理したのが本書の内容になります。願わくば「買わない・読まない」人たちが少しでも手に取ってくださいますように……。

ぶっちゃけた話、IFDAM図があればそこからいきなりコードを書けばよいですし、余計なドキュメントなど不要です。IFDAM図すら不要だと言えるチームもあることでしょう。ですが、それはやはり少数の優秀な集団であって、多数派ではないのです。そして、昨今のAI・IoTブームでこれまでITと無縁だった方々が、たとえば自社製品やサービスのIT化を考える立場になっているという現実を見れば、優秀な人達の事例だけをぽんと渡してこのようにやればよいというのは、下手するとむしろ害悪にすらなりかねないと感じるのです。

繰り返し書いているように、アーキテクチャフリーな要件や設計はあり得ません。しかし一方で、アーキテクチャが変化してもなお、変わらず押さえるべき基本は存在します。その基本に対する「考え方」をぜひ習得していただきたいと考え、本書を記しました。ですから、ドキュメントのフォーマットは例によってさほど示していません。ややもするとすぐにフォーマットの穴埋めをすればよいというふうに流されがちだからです。とはいえ、実務で手を動かせない手法をいくら学んでも現世利益がなければやる気も出ません。その意味において、ちゃんとやれば間違いなく効果が発揮できるように内容をまとめました。ぜひご活用いただければと思う次第です。

これまで日本の産業は、第2次世界大戦の敗戦後からずっと

積み上げて成長してきました。その結果、土台に山ほどの「当たり前」を積み上げて、それを前提として改善と効率化を考えてきました。それは差分指向であり思考としては楽な方法です。しかし、21世紀もすでに20年弱が過ぎた今、目の前にある課題は70数年前とは様変わりしており、ゼロベースで新しい取り組みをすべきタイミングに至りました。これまでの当たり前の多くが老朽化して疲弊しており、徐々に耐え切れない状況になっていることが世情のあちらこちらににじみ出てきています。歴史ある大企業や組織体の数々の不正の露呈はその顕著な例でしょう。しかしテクノロジーは人々の生活を変え、生活が変われば人々の意識も変わっていきます。私たちはITというものを使って新しい生活を作り出していけるのだということを銘記しながら、そのために時代の風雪を耐え抜いた基本というものの力を活用するということを意識していただくきっかけに本書がなれば嬉しく思います。

　さて、恒例の謝辞になります。今回は執筆自体は早かったのです。いやほんとに。ですから遅筆を詫びるということは本来は不要だったはずなのですが、なぜかやっぱり関係各位にいろいろとご面倒をおかけしました。このシリーズをずっとご担当いただいている細谷氏・坂井氏には本当に丸投げさせていただいてありがとうございます。また今回、細やかにご対応いただいた村下氏と、カバーイラストを3冊ずっとお付き合いいただいている植竹氏、組版担当の安達氏にも感謝いたします。もちろんそれ以外にも毎回多くの方々にお手数をおかけしております。特にこのシリーズは3冊とも図が結構面倒な手順で実現し

ていただいてます。本当にありがとうございます。著書としての内容の責任は著者である私にすべてがありますが、私ひとりではこのような形で世の中に出すことは決してできないのであり、関係各位にはただただ感謝です。そしていつもいつも私からの面倒くさい要望を辛抱強く聴いてイラストを描いてくれている可世木恭子に格別の感謝をいたします。可愛いイラストがあってこその本書ですから。今回は特に面倒かつ必要性に疑問がつくような絵がいくつかあって、それでも頑張って描いてくれて本当に嬉しいです。

　そして先の2冊をお買い求めくださり、さまざまなフィードバックをくださった読者ならびにお客様のみなさまに深く御礼申し上げます。いただきましたさまざまな知見と具体的で切実な事実の数々のおかげで、より一層内容に自信を深めることができました。心から感謝いたします。

　この仕事を通じて少しでも世の中の仕事を良くすることに関わりたいという動機付けの源泉となってくれている最愛の家族、そして子どもたちに感謝いたします。あなたたちが仕事をするということを楽しめる社会になるような仕組みの実現に引き続き地道に取り組んでいきます。ずっとずっと大好きだよ。

　　私を取り巻くこれまでの、そしてこれからの、
　　すべてのリレーションシップに感謝をこめて

2017年12月
羽生 章洋

著者紹介

■**羽生 章洋（はぶ あきひろ）**
ストーリーデザイナー／経営設計コンサルタント

1968 年　大阪生まれ。
1989 年　桃山学院大学社会学部社会学科を中退。

2つのソフトウェア会社にてパンチャー、オペレータ、プログラマ、システムエンジニア、プロジェクトマネージャなどとしてさまざまな業種、業態向けシステム開発に携わった後、アーサー・アンダーセン・ビジネスコンサルティングに所属。ERPコンサルタントとして企業改革の現場に従事。

その後、トレイダーズ証券株式会社の新規創業時においてIT事業部ディレクターとして、さらに株式会社マネースクウェア・ジャパンの新規創業時にIT担当取締役として参画。両社にて当時としては先進的なリッチクライアントによるオンライントレーディングシステムを実現。

2001年4月に現在の株式会社マジカジャパンを設立して代表取締役に就任。2011年9月に米国エークリッパー・インクを設立して代表に就任。以後、現職。企業のIT化などに関する研修・コーチング・コンサルティングなどの活動を行っている。

2006年より2012年まで国立大学法人琉球大学の非常勤講師。2013年より特定非営利活動法人原爆先生の理事。

著書に、『はじめよう！ プロセス設計』（技術評論社）、『はじめよう！ 要件定義』（技術評論社）、『楽々ERDレッスン』（翔泳社）、『改訂第3版 SQL書き方ドリル』（技術評論社）、『原爆先生がやってきた！』（産学社）、『いきいきする仕事とやる気のつくり方』（ソフトリサーチセンター）など多数。

■ 《イラスト》 可世木 恭子（かせき きょうこ）

法政大学経済学部卒。複数のソフトウェア会社でプログラマとして勤務した後、株式会社マジカジャパン設立、2011年エークリッパー・インクの設立に参画。現在の世の中ではまだまだ珍しい業務のイラスト化を中心に活動。

イラストに、『はじめよう！ プロセス設計』（技術評論社）、『はじめよう！ 要件定義』（技術評論社）、『原爆先生がやってきた！』（産学社）など、著書に『サーバサイドプログラミング基礎』（共著、技術評論社）がある。

- 装丁・本文設計：植竹 裕（UeDESIGN）
- 組版：安達 恵美子
- 図版制作：株式会社エストール
- 編集：坂井 直美
- 担当：村下 昇平

■お問い合わせについて
本書の内容に関するご質問につきましては、下記の宛先までFAXまたは書面にてお送りいただくか、弊社ホームページの該当書籍のコーナーからお願いいたします。お電話によるご質問、および本書に記載されている内容以外のご質問には、一切お答えできません。あらかじめご了承ください。
また、ご質問の際には、「書籍名」と「該当ページ番号」、「お客様のパソコンなどの動作環境」、「お名前とご連絡先」を明記してください。

●宛先
〒162-0846　東京都新宿区市谷左内町21-13
株式会社技術評論社　雑誌編集部「はじめよう! システム設計」係
FAX: 03-3513-6173

●技術評論社Webサイト
http://book.gihyo.jp

お送りいただきましたご質問には、できる限り迅速にお答えをするよう努力しておりますが、ご質問の内容によってはお答えするまでに、お時間をいただくこともございます。回答の期日をご指定いただいても、ご希望にお応えできかねる場合もありますので、あらかじめご了承ください。
なお、ご質問の際に記載いただいた個人情報は質問の返答以外の目的には使用いたしません。また、質問の返答後は速やかに破棄させていただきます。

はじめよう! システム設計　～要件定義のその後に

2018年2月7日 初版 第1刷発行

著　者　　羽生 章洋
発行者　　片岡　巌
発行所　　株式会社技術評論社
　　　　　東京都新宿区市谷左内町21-13
　　　　　電話　03-3513-6150　販売促進部
　　　　　　　　03-3513-6177　雑誌編集部
印刷・製本　日経印刷株式会社

定価はカバーに表示してあります。

本書の一部または全部を著作権法の定める範囲を越え、無断で複写、複製、転載、あるいはファイルに落とすことを禁じます。

造本には細心の注意を払っておりますが、万一、乱丁（ページの乱れ）や落丁（ページの抜け）がございましたら、小社販売促進部までお送りください。送料小社負担にてお取替えいたします。

©2018　羽生 章洋
ISBN978-4-7741-9539-1 C3055
Printed in Japan